高等学校规划教材

土木工程施工组织

蒋红妍 黄 莺 主编

北 京
冶金工业出版社
2013

内 容 提 要

本书系统地阐述了土木工程施工组织的理论和方法。主要内容包括：土木工程施工组织概论、施工准备工作、流水施工的基本原理、网络计划技术、单位工程施工组织设计、施工组织总设计、计算机技术在施工组织中的应用等。书中分析讲解了大量例题，以利于读者理解和掌握本书内容。

本书既可作为土木工程专业、工程管理专业和其他相关专业的教材，又可作为建造师考试的参考用书，还可供广大施工项目管理者、工程技术人员参考。

图书在版编目（CIP）数据

土木工程施工组织/蒋红妍，黄莺主编．—北京：冶金工业出版社，2009.5（2013.7 重印）
高等学校规划教材
ISBN 978-7-5024-4803-5

Ⅰ．土…　Ⅱ．①蒋…　②黄…　Ⅲ．土木工程—施工组织—高等学校—教材　Ⅳ．TU721

中国版本图书馆 CIP 数据核字（2009）第 053433 号

出 版 人　谭学余
地　　址　北京北河沿大街嵩祝院北巷 39 号，邮编 100009
电　　话　（010）64027926　电子信箱　yjcbs@ cnmip. com. cn
责任编辑　杨　敏　宋　良　美术编辑　李　新　版式设计　张　青
责任校对　石　静　责任印制　李玉山
ISBN 978-7-5024-4803-5

冶金工业出版社出版发行；各地新华书店经销；三河市双峰印刷装订有限公司印刷
2009 年 5 月第 1 版，2013 年 7 月第 3 次印刷
787mm×1092mm　1/16；10.75 印张；287 千字；163 页
26.00 元

冶金工业出版社投稿电话：（010）64027932　投稿信箱：tougao@cnmip. com. cn
冶金工业出版社发行部　电话：（010）64044283　传真：（010）64027893
冶金书店　地址：北京东四西大街 46 号（100010）　电话：（010）65289081（兼传真）
（本书如有印装质量问题，本社发行部负责退换）

前　言

本书是根据国家最新颁布的规范和标准,吸收土木工程施工组织理论与实践的最新研究成果而编写的,旨在使土木工程及相关专业的学生和专业人员了解土木工程施工组织的一般规律,进一步掌握现场施工组织与管理必备的基本知识和基本的施工组织与管理技能。全书主要内容包括:土木工程施工组织概论、施工准备、流水施工原理、网络计划技术、单位工程施工组织设计、计算机技术在施工组织中的应用等。本书在编写上,注重图文并茂、理论与实践相结合;在内容上注重系统性、先进性和实用性相结合;采用现行规程、规范和技术标准等,系统阐述了本学科的基本原理和实际应用,具有较高的参考价值。各章末均附有复习思考题,便于学习掌握本书内容。

本书由西安建筑科技大学蒋红妍、黄莺主编。西安建筑科技大学张荫教授参与了第6章的编写;蒋红妍参与了第1、2、3、4、6章的编写;黄莺参与了第3、4、5、6、7章的编写;陈旭参与了第4章的编写;贾丽欣参与了第5、6章的编写;樊胜军参与了第5章的编写;西北工业大学陈昌宏参与了第7章的编写。全书由黄莺统稿。

在编写过程中,参考了有关文献,在此向其作者表示衷心的感谢。

由于编者水平所限,书中不足之处在所难免,恳请广大读者、专家和同行批评指正!

编　者
2009 年 2 月
于西安建筑科技大学

前　言

目　　录

1　概论 ………………………………………………………………………… 1

1.1　土木工程产品的生产和组织 ………………………………………… 1
1.1.1　土木工程产品及其生产特点 ……………………………… 1
1.1.2　土木工程生产组织的基本原则 …………………………… 2
1.2　施工组织设计概述 …………………………………………………… 4
1.2.1　施工组织设计的概念 ……………………………………… 4
1.2.2　施工组织设计的作用 ……………………………………… 4
1.2.3　施工组织设计的基本内容 ………………………………… 4
1.2.4　施工组织设计的分类 ……………………………………… 5
1.2.5　施工组织设计的编制 ……………………………………… 6
1.2.6　施工组织设计的贯彻、检查和调整 ……………………… 7
复习思考题 ………………………………………………………………… 7

2　施工准备工作 …………………………………………………………… 8

2.1　概述 …………………………………………………………………… 8
2.1.1　施工准备工作的重要意义 ………………………………… 8
2.1.2　施工准备工作的分类 ……………………………………… 8
2.2　土木工程施工准备的内容 …………………………………………… 9
2.2.1　土木工程施工信息收集 …………………………………… 9
2.2.2　劳动组织准备 ……………………………………………… 13
2.2.3　施工技术准备 ……………………………………………… 15
2.2.4　物资准备工作 ……………………………………………… 16
2.2.5　施工现场准备 ……………………………………………… 17
2.3　施工准备工作实施 …………………………………………………… 20
2.3.1　施工工作计划的编制 ……………………………………… 20
2.3.2　施工准备工作责任制的建立 ……………………………… 21
2.3.3　施工准备工作的持续开展 ………………………………… 22
复习思考题 ………………………………………………………………… 22

3　土木工程流水施工原理 ………………………………………………… 23

3.1　基本概念 ……………………………………………………………… 23

3.1.1　施工作业组织方式 …………………………………………… 23

3.1.2　流水施工的分级和表达方式 …………………………………… 24

3.1.3　土木工程流水施工的特点及经济性 …………………………… 26

3.2　主要流水作业参数及其确定 ………………………………………… 26

3.2.1　工艺参数及其确定 ………………………………………………… 27

3.2.2　空间参数及其确定 ………………………………………………… 28

3.2.3　时间参数及其确定 ………………………………………………… 30

3.3　流水施工的组织方法 ………………………………………………… 32

3.3.1　有节奏流水 ………………………………………………………… 33

3.3.2　无节奏流水 ………………………………………………………… 41

3.3.3　流水施工的组织 …………………………………………………… 43

3.3.4　流水线法及其组织 ………………………………………………… 46

复习思考题 ……………………………………………………………… 47

4　网络计划技术 …………………………………………………………… 49

4.1　概述 …………………………………………………………………… 49

4.1.1　网络计划技术的发展历程 ………………………………………… 49

4.1.2　网络计划的分类 …………………………………………………… 49

4.2　双代号网络计划 ……………………………………………………… 50

4.2.1　双代号网络图的组成 ……………………………………………… 51

4.2.2　双代号网络图的绘制 ……………………………………………… 53

4.2.3　双代号网络计划时间参数的计算 ………………………………… 63

4.2.4　双代号时标网络计划 ……………………………………………… 71

4.3　单代号网络图 ………………………………………………………… 74

4.3.1　单代号网络图的绘制 ……………………………………………… 74

4.3.2　单代号网络图时间参数的计算 …………………………………… 76

4.3.3　单代号搭接网络计划 ……………………………………………… 80

4.4　网络计划的优化 ……………………………………………………… 89

4.4.1　工期优化 …………………………………………………………… 89

4.4.2　工期-成本优化 …………………………………………………… 91

4.4.3　资源优化 …………………………………………………………… 98

复习思考题 ……………………………………………………………… 103

5　单位工程施工组织设计 ………………………………………………… 105

5.1　概述 …………………………………………………………………… 105

5.1.1　单位工程施工组织设计的编制依据 ……………………………… 105

5.1.2　单位工程施工组织设计的编制程序 ……………………………… 105

5.1.3　单位工程施工组织设计的主要内容 ……………………………… 105

5.2　工程概况 ……………………………………………………………… 107

5.2.1　工程建设概况 ……………………………………………………… 107

5.2.2　工程施工概况 ……………………………………………………… 107

5.2.3　工程施工特点 ……………………………………………………… 107

5.3　施工方案 ……………………………………………………………… 107

5.3.1　确定施工流向 ……………………………………………………… 107

5.3.2　确定施工程序 ……………………………………………………… 109

5.3.3　确定施工工程的施工顺序 ………………………………………… 109

5.3.4　确定施工方法 ……………………………………………………… 113

5.3.5　施工机械的选择 …………………………………………………… 115

5.3.6　施工方案的评价 …………………………………………………… 115

5.4　单位工程施工进度计划 ……………………………………………… 115

5.4.1　概述 ………………………………………………………………… 115

5.4.2　进度计划编制依据 ………………………………………………… 116

5.4.3　进度计划的编制程序与步骤 ……………………………………… 116

5.5　资源需求计划的编制 ………………………………………………… 119

5.5.1　劳动力需要量计划 ………………………………………………… 119

5.5.2　主要材料需要量计划 ……………………………………………… 119

5.5.3　构件和半成品需要量计划 ………………………………………… 119

5.5.4　施工机械需要量计划 ……………………………………………… 120

5.6　施工现场平面图布置 ………………………………………………… 120

5.6.1　施工现场平面图的内容 …………………………………………… 120

5.6.2　施工现场平面图的设计依据 ……………………………………… 120

5.6.3　施工现场平面图布置的步骤 ……………………………………… 121

5.7　质量、安全、进度、成本及文明施工措施 …………………………… 123

5.7.1　质量保证体系与保证措施 ………………………………………… 123

5.7.2　安全计划及保证措施 ……………………………………………… 124

5.7.3　进度保证措施 ……………………………………………………… 125

5.7.4　成本保证措施 ……………………………………………………… 125

5.7.5　文明施工措施 ……………………………………………………… 125

单位工程施工组织设计示例 ……………………………………………… 125

复习思考题 ………………………………………………………………… 144

6　施工组织总设计 ……………………………………………………… 145

6.1　施工组织总设计概述 ………………………………………………… 145

6.1.1　施工组织总设计及其作用 ………………………………………… 145

6.1.2　施工组织总设计的编制依据 ……………………………………… 145

6.1.3　施工组织总设计的内容 …………………………………………… 146

6.2　施工总部署 …………………………………………………………… 146

6.2.1　建设项目的施工管理机构 ………………………………………… 147

6.2.2　施工准备工作计划 …………………………………………………… 147

6.2.3　确定项目的开展顺序 ………………………………………………… 147

6.2.4　主要项目的施工方案 ………………………………………………… 148

6.3　施工总进度计划 …………………………………………………………… 148

6.3.1　编制施工总进度计划的步骤 ………………………………………… 148

6.3.2　施工总进度计划保证措施 …………………………………………… 149

6.4　资源需要量计划 …………………………………………………………… 149

6.4.1　劳动力需要量计划 …………………………………………………… 149

6.4.2　材料、构件和半成品需要量计划 ……………………………………… 150

6.4.3　施工机具、设备需要量计划 …………………………………………… 150

6.5　施工总平面图 ……………………………………………………………… 150

6.5.1　施工总平面图设计的原则 …………………………………………… 150

6.5.2　施工总平面图设计的依据 …………………………………………… 151

6.5.3　施工总平面图设计的主要内容 ……………………………………… 151

6.5.4　施工总平面图设计的步骤 …………………………………………… 151

6.6　主要技术经济指标 ………………………………………………………… 152

复习思考题 ………………………………………………………………………… 153

7　计算机技术在施工组织中的应用 ……………………………………………… 154

7.1　P3 软件在施工组织中的应用 …………………………………………… 154

7.1.1　P3 软件的主要功能介绍 …………………………………………… 154

7.1.2　P3 软件的应用 ………………………………………………………… 155

7.2　Microsoft Office Project 在施工组织中的应用 ……………………… 158

7.2.1　创建新项目 …………………………………………………………… 158

7.2.2　创建任务列表 ………………………………………………………… 158

7.2.3　检查任务工期 ………………………………………………………… 159

7.2.4　任务文件的格式和输出 ……………………………………………… 159

7.3　国内常用施工组织设计软件 ……………………………………………… 159

7.3.1　品茗施工组织软件介绍 ……………………………………………… 160

7.3.2　品茗平面图 …………………………………………………………… 160

7.3.3　品茗智能网络计划 …………………………………………………… 160

复习思考题 ………………………………………………………………………… 162

参考文献 …………………………………………………………………………… 163

1 概 论

1.1 土木工程产品的生产和组织

1.1.1 土木工程产品及其生产特点

与一般工业产品的生产相比较,土木工程产品在生产上的阶段性和连续性、组织上的专门化和协作化等方面与其一致;但其固有的自身特点,对施工的组织与管理影响极大。

1.1.1.1 土木工程产品的特点

土木工程产品的生产,是根据每个建设单位的各自需要,按照设计规定,在指定地点进行建造,并且其所用材料、结构与构造、平面与空间组合变化多样,由此决定了土木工程产品的特殊性。

A 空间固定性

任何土木工程产品都是在选定的地点上建造和使用的,产品本身及其所承受的荷重要通过基础传给地基,直到拆除都与土地连成一体、不可分割。这是其最显著的特点。

B 多样性

土木工程产品的种类繁多,用途各异。每一土木工程产品不但需满足用户对其使用功能和质量的要求,而且还要按照当地特定的社会环境、自然条件来设计和建造不同用途的产品。即使同一类的工程,各个单件也是有差别的,从而构成了土木工程产品类型的多样性。

C 体形庞大

土木工程产品比起一般的工业产品,需消耗大量的物质资源,且占据广阔的地面与空间,具有庞大的体形。

1.1.1.2 土木工程产品的生产特点

土木工程产品的固定性、多样性和体形庞大的特点,决定了土木工程产品生产过程的特殊性。

A 生产的流动性

土木工程产品体形庞大、固定不能移动且整体难分的特点,决定了其生产的流动性。

一般的工业产品、生产者和生产设备是固定的,产品在生产线上流动;土木工程产品则与此相反,产品是固定的,生产者和生产设备不仅要随着建筑物(或构筑物)建造地点的变更而流动,而且还要随着产品施工部位的改变而在不同的空间流动。

组织施工时,必须结合生产的流动性,对施工活动的人、机、物等要素作出合理安排,适应流动性的需要;此外,生产的流动性又与施工顺序紧密联系。考虑到产品整体性的要求,生产中各分部、分项工程的生产常常是与装配工作结合进行的,故生产必须严格按顺序进行。即人机必须按照客观要求的顺序流动,这是施工组织应着重考虑的问题。

B 生产的单件性

产品的固定性和多样性决定了产品生产的单件性。每一个建筑产品都必须按照当地规划和用户需要,在选定地点上单独设计、施工。即使是采用同一种设计图纸或标准设计,由于所处地区不同,建设单位提供的条件不同,交通、材料资源等施工环境的不同,往往需要对设计图纸及施工方法和施工组织等作相应的调整与修改,从而使产品生产具有单件性。

C　生产周期长

生产周期是指土木工程产品从施工准备开始到全部建成交付使用为止所耗费的时间。由于土木工程产品固定、体形庞大、复杂多样,所需人员和工种众多,所用物资和设备种类繁杂,生产工程中需要投入大量的人力、物力和财力;同时,土木工程产品的生产全过程还受到工艺流程和生产程序的制约,各专业、各工种工序间必须按照合理的施工顺序先后进行;此外,施工活动受到空间的限制,必须按空间位置顺序由下向上或由上向下进行。以上因素决定了土木工程产品生产周期长的特点。

D　生产的影响因素多

影响土木工程施工的因素很多。如人为因素、施工技术因素、材料和设备因素、机具因素、设计变更因素、地基因素、资金和物资的供应因素、气候因素、交通与环境因素、各协作单位的配合因素等,都会对工程的进度、质量和成本产生很大影响。

E　生产的露天作业多

土木工程产品体形庞大的特点决定了施工中露天和高空作业多。这就不可避免地使得施工过程容易受到自然气候条件的影响,保证质量和安全的问题尤为突出,进一步影响施工进度的安排和工期。因此必须事先做好各种防范措施,在施工中加强管理。

F　生产的地区性

产品的固定性决定了同一使用功能的产品因其建造地点的不同,必然受到建设地区的自然、技术、经济和社会条件的约束,其结构、构造、艺术形式、室内设施、材料、施工方案等方面的不同,决定了土木工程产品的生产具有地区性。

G　生产的关系复杂、综合协作性强

土木工程产品体形庞大,内部设施复杂,涉及的专业多,工种广,建设周期长,其生产过程属于多专业、多工种、平行交叉的综合性生产过程。生产过程中涉及内、外部的多种关系,如各专业工种之间、人与机械之间、人与材料之间以及各不同种类的专业施工企业、建设单位、勘察设计单位及城市规划、土地开发、消防公安、公用事业、环境保护、质量监督、交通运输、银行财政、科研试验、机具设备、物质材料、供电、供水、供热、通讯、劳务等社会各部门、领域的外部生产协作配合关系。由上可知,土木工程产品生产的组织协作关系非常复杂。

土木工程产品生产的上述特点,说明土木工程的施工组织受客观条件制约较多,且这些条件又处于不断变化的动态过程中。必须充分认识这些特点,才能更好地了解施工组织的复杂性及编制施工组织设计的必要性。

1.1.2　土木工程生产组织的基本原则

根据几十年来的生产实践,结合土木工程产品及其生产特点,在组织生产的过程中,即项目施工中,应遵守以下基本原则。

1.1.2.1　集中力量加快施工速度

对于施工企业而言,加快施工速度是减少施工间接费,降低施工成本,提高施工企业信誉,提高企业竞争能力的有效途径。土木工程施工需要消耗大量的人力、物力,而任何一个施工单位在一定时间内的资源拥有量总是有限的。把有限的施工力量集中起来,优先投入最急需完成的工程中去,加快其施工速度,使工程尽快完成投入生产,这是组织施工的基本原则之一,也是提高经济效益的最有效措施。因此施工企业在组织施工时,应根据生产能力、工程施工条件的落实情况,以及工程的重要程度,分期分批地安排施工任务。

建设产品的特点,决定了土木工程施工的工作面是随生产进展逐步形成的,不可能安排很多的劳动力同时进行工作。因此,在安排施工力量时既要考虑集中,同时又要合理安排各施工过程之间的施工顺序,考虑各专业工种之间的相互协调,合理处理好劳动力、时间、空间的相互关系。在同一生产地点(同一工地),应使主要工程项目与相应的辅助工程项目间相互配套施工,以起到调节施工力量的作用。

必须指出,加快施工速度与保证工程质量、保证施工安全、降低施工成本是密切联系、相辅相成的,否则工期再短也毫无意义。

1.1.2.2 采用先进的施工技术,发展建筑工业化

在组织施工时采用先进的施工技术是提高劳动生产率、加快施工速度、提高工程质量和降低工程成本的重要手段。近年来,我国对施工技术的科研、应用和推广有了较大的发展,新技术不断涌现。在组织施工时必须结合当时、当地的技术经济条件以及施工机械装备力量,加以应用和推广。

建筑工业化不仅应使施工技术逐步适应大生产的需要,而且对施工全过程的各项管理工作必须逐步采用现代化的方法和手段。

1.1.2.3 用科学的方法组织施工

施工计划的科学性、合理性是工程施工能否顺利进行的关键。

施工计划的科学性在于对工程施工的总体作出综合判断,采用现代化的分析手段、计算方法,使生产的一系列活动在时间和空间方面、生产能力和劳动资源方面得到最优统筹安排,从而保证生产过程的连续性和均衡性。现代的科学管理方法和管理技术正在逐步渗透到土木工程施工管理中,如常用的流水法施工、网络计划技术、运筹学等;计算机技术在施工管理中的应用,为土木工程施工管理现代化开创了广阔的前景,同时也要求广大施工技术人员既要有丰富的施工实践经验,又必须掌握和应用现代化科学管理的方法和基本技能,提高管理水平。

安排施工计划,必须合理地组织各施工过程、各专业班组之间的平行流水和立体交叉作业,从而使劳动力、施工机械能够不间断地、有节奏地施工。

1.1.2.4 确保工程质量和施工安全

建设产品质量的好坏,直接影响到建筑物的使用安全和人民生命财产的安全。确保工程安全施工,不仅是顺利施工的保障,而且也体现了社会主义制度对每一个劳动者的关怀。

1.1.2.5 遵循施工工艺及其技术规律,合理安排施工程序和施工顺序

土木工程产品及其生产,有其本身的客观规律,包括施工工艺、技术方面的规律,以及施工程序、顺序方面的规律。

施工工艺及其技术规律,是分部(项)工程固有的客观规律。如钢筋加工工程,其工艺顺序是钢筋调直、除锈、下料、弯曲和成型。任何一道工序也不能省略或颠倒,这不仅是施工工艺要求,也是技术规律要求。在施工组织中必须遵循工程的施工工艺及技术方面的规律。

施工程序和施工顺序是施工过程中的固有规律。施工活动是在同一场地和不同空间同时或前后交错搭接地进行,前面的工作不完成,后面的工作就不能开始。这种前后顺序是客观规律决定的,而交错搭接则是计划决策人员争取时间的主观努力。所以在组织施工的过程中必须科学地安排施工程序和施工顺序。

1.1.2.6 实行经济核算,降低工程成本

施工企业应健全经济核算制度,制订各种消耗和费用定额,编制成本计划,拟定和执行有关降低成本的各项措施,进行成本测算和控制,提高企业的经营管理水平,力求以最小的劳动投入

取得最佳的经济效果。在编制每一项工程施工方案时,都应有降低工程成本的技术组织措施,作为计划方案择优选取的主要依据之一;对于工程所需的临时设施应尽量利用原有建筑和拟建建筑物以及当地的服务能力,减少临时设施数量和施工用地;材料构配件应合理规划进场时间和堆放位置,尽量减少二次搬运,可减少一切非生产性支出。

上述组织施工的基本原则,既是经济规律的客观反映,又是实践经验的总结,应坚定不移地予以执行。

1.2　施工组织设计概述

1.2.1　施工组织设计的概念

施工组织设计是为完成具体施工任务创造必要的生产条件、制订先进合理的施工工艺所作的规划设计,是指导一个拟建工程进行施工准备和指导施工的重要技术经济文件,是工程施工的组织方案,是指导现场施工的法规。其任务是要对具体拟建工程的施工准备工作和整个施工过程,在人力和物力、时间和空间、技术和组织上,作出一个全面而合理的计划安排。

1.2.2　施工组织设计的作用

1.2.2.1　对复杂施工活动的统一规划和协调

土木工程施工的特点综合表现为复杂性。如果施工前不对施工活动的各种条件、各种生产要素和施工过程进行精心安排、周密计划,没有统一行动的依据,必然会陷入混乱状态。对于施工单位来说,就是要编制生产计划;对于一个拟建工程来说,就是要进行施工组织设计。有了施工组织设计,复杂的施工活动有了统一行动的依据,可据此统筹全局、协调方方面面的工作,保证施工活动有条不紊地进行。

1.2.2.2　对拟建工程的施工全过程进行科学管理

施工全过程是在施工组织设计指导下进行的。在施工实施过程中,要根据施工组织设计的计划安排组织现场施工活动,进行各种施工生产要素的落实与管理,进行施工进度、质量、成本、技术与安全的管理等。

1.2.2.3　使施工人员心中有数,工作处于主动地位

施工组织设计根据工程特点和施工的各种具体条件,科学拟定施工方案,确定施工顺序、施工方法和技术组织措施,排定施工进度。施工人员可以根据相应施工方法,在进度计划控制下,有条不紊地组织施工,保证拟建工程按照合同的要求完成。施工组织设计的编制,是具体工程施工准备阶段中各项工作的核心。

1.2.3　施工组织设计的基本内容

根据工程规模和特点的不同,施工组织设计的编制内容繁简程度有所差异,但一般都必须具备施工方案、施工进度计划、施工现场平面布置和各种资源需用量计划等基本内容。

1.2.3.1　施工方案

施工方案是指拟建工程所采取的施工方法及相应技术组织措施的总称,是组织施工应首先考虑的根本性问题,应根据工程特点、合同要求、现有和可能争取到的施工条件,选择最合理的施工方案。

施工方案的内容,概括起来主要有四个方面,即施工方法的确定、施工机具的选择、施工顺序的安排、流水施工的组织。制定和选择施工方案应在切实可行的基础上,满足工期、质量和施工

生产安全的要求,并尽可能争取施工成本最低、效益最好。施工方案一般用文字叙述,必要时可结合图、表进行说明。

1.2.3.2 施工进度计划

施工进度计划是表示各项工程的施工顺序和开、竣工时间以及相互衔接关系的计划。它带动和联系着施工中的其他工作,使其他工作都围绕着施工进度计划并适应其要求加以安排,使复杂的施工活动成为一个有机的整体。施工进度计划在施工组织设计中起着主导作用,一般用横道计划图或网络计划图来表达。

1.2.3.3 施工平面布置

施工的流动性决定了施工现场的临时性,施工的个别性决定了每个工程具有不同的施工现场环境。为保证施工顺利进行、提高劳动效率,每个工程都必须根据工程特点、现场环境,对施工必需的各种材料物资、机具设备、各种附属设施进行合理布置。其目的是在施工过程中,对人员、材料、机械设备和各种为施工服务设施所需的空间,作出合理分配和安排。施工平面布置在施工组织设计中一般用施工平面图来表达。

1.2.3.4 各种资源需用量计划

所需资源是实现施工方案和进度计划的前提,是决定施工平面布置的主要因素之一。施工所需资源的数量和种类是由工程规模、特点和施工方案决定的,其进场顺序和需要时间是由进度计划决定的。在施工组织设计中,各种资源需用量及进场时间顺序一般用表格的形式表达,称之为资源需用量计划表。

综上所述,施工方案和施工进度计划的内容主要用于指导施工过程的进行,规定整个施工活动所采取的方法、步骤;施工现场平面布置和各种资源需用量计划的内容则主要用于指导施工准备工作的进行,为施工创造物质、技术及现场条件。对于施工单位熟悉、简单的施工工程,施工组织设计主要包含以上基本内容即可;对于较复杂的施工工程,上述基本内容也是编制施工组织设计的主要内容。

1.2.4 施工组织设计的分类

1.2.4.1 按设计阶段和编制对象分类

施工组织设计根据设计阶段和编制对象的不同,可以分为以下三类。

A 施工组织总设计

施工组织总设计是以一个建设项目为编制对象,规划其施工全过程各项活动的技术、经济的全局性、控制性文件。它是整个建设项目施工的战略部署,涉及范围较广,内容比较概括。一般是在初步设计或扩大初步设计批准后,由总承包单位的总工程师负责,会同建设、设计和分包单位的工程师共同编制。施工组织总设计是施工单位编制年度施工计划和单位工程施工组织设计的依据。

B 单位工程施工组织设计

单位工程施工组织设计是以单位工程为编制对象,用来指导其施工全过程各项活动的技术、经济的局部性、指导性文件。它是拟建工程施工的战术安排,是施工单位年度施工计划和施工组织总设计的具体化,内容更详细。它是在施工图设计完成后,由工程项目主管工程师负责编制的,可作为编制季度、月度计划和分部分项工程施工组织设计的依据。

C 分部分项工程施工组织设计

分部分项工程施工组织设计是以分部分项工程为编制对象,用来指导其施工活动的技术、经济文件。它结合施工单位的月、旬作业计划,把单位工程施工组织设计进一步具体化,是专业工程的具体施工设计。一般在单位工程施工组织设计确定了施工方案后,由施工队技术队长负责编制。

1.2.4.2　按编制目的与阶段分类

根据编制目的与阶段的不同,施工组织设计可划分为两类。

A　标前设计

标前设计是投标前编制的施工组织设计,其主要作用是指导工程投标与签订工程承包合同、并作为投标书的一项重要内容(技术标)和合同文件的一部分。实践证明,在工程投标阶段编好施工组织设计,充分反映施工企业的综合实力,是实现中标、提高市场竞争力的重要途径。

B　标后设计

标后设计是签订工程承包合同后编制的施工组织设计,其主要作用是指导施工前的准备工作和工程施工全过程的进行,并作为项目管理的规划性文件,提出工程施工中进度控制、质量控制、成本控制、安全控制、现场管理、各项生产要素管理的目标及技术组织措施,提高综合效益。

上述两类施工组织设计的区别见表1-1。

表1-1　两类施工组织设计的区别

种　类	服务范围	编制时间	编制者	主要特性	追求的主要目标
标前设计	投标与签约	经济标书编制前	经营管理层	规划性	中标和经济效益
标后设计	施工准备至验收	签约后开工前	项目管理层	作业性	施工效率和效益

1.2.5　施工组织设计的编制

根据工程规模、结构特点、技术繁简程度及施工条件的差异,施工组织设计在编制的深度和广度上都有所不同。对于工程规模大、结构复杂、技术要求高、采用新结构、新技术、新材料和新工艺的拟建工程项目,必须编制内容完整的施工组织设计;对于工程规模小、结构简单、技术要求和工艺方法不复杂的拟建工程项目,可以编制相对粗略、简单的施工组织设计,其内容一般仅包括施工方案、施工进度计划和施工总平面布置图等。

1.2.5.1　施工组织设计的编制依据

施工组织设计是根据不同的使用要求、施工对象、场地特征、施工条件等因素,在充分调查分析原始资料的基础上编制的。不同种类的施工组织设计虽然内容繁简、深浅程度不一,但编制依据基本相似,主要有工程项目的计划任务书、国家和上级的有关指示、设计文件和施工图纸、有关勘察资料、工程承包合同、施工企业拥有资源状况、施工经验和技术水平、国家现行的有关施工规范和质量标准、操作规程、技术定额、施工现场条件等。

1.2.5.2　施工组织设计的编制程序

各种施工组织设计的编制方法大致相同,施工组织设计的编制同做任何工作一样,也必须先做必要的准备。编制的准备工作主要有以下两项。

A　调查研究,摸清施工条件

根据施工组织的需要,施工条件的调查通常包括建设地区的自然条件和技术经济条件。

B　学习和审查设计图纸

工程设计资料是施工的依据,仅了解施工条件而不了解施工对象本身是根本不可能正确解决施工组织问题的。所以还必须研究和审查工程设计资料,以便了解工程全貌及其特点,领会设计意图,掌握技术要求,避免设计差错。

1.2.5.3 编制施工组织设计的注意事项

(1)在施工组织设计编制过程中,要充分发挥各职能部门的作用,吸收其参加编制和审定;充分利用施工企业的技术素质和管理素质,发挥优势,合理进行工序交叉。

(2)对结构复杂、施工难度大以及采用新工艺和新技术的工程项目,要进行专业性研究,必要时组织专门会议,邀请有经验的专业工程技术人员参加,集中群众智慧。

(3)当比较完整的施工组织设计方案提出之后,要组织参加编制的人员及单位进行讨论,逐项逐条研究、修改后确定,最终形成正式文件,送主管部门审批。

1.2.6 施工组织设计的贯彻、检查和调整

施工组织设计是有计划、按步骤进行施工准备和组织施工的重要依据,一经批准即成为指导施工活动的纲领性文件,必须严肃对待、认真贯彻执行。

施工组织设计的编制只是为实施拟建工程施工提供了一个可行的理想方案。要使这个方案得以实现,必须在施工实践中认真贯彻、执行。为了保证施工组织设计的顺利实施,要在开工前组织有关人员熟悉和掌握施工组织设计的内容,逐级进行交底,提出对策措施,保证施工组织设计的贯彻执行;要建立和完善各项管理制度,明确各部门的职责范围,保证施工组织设计的顺利实施;要加强动态管理,及时处理和解决施工中的突发事件和出现的主要矛盾;要经常地对施工组织设计执行情况进行检查。必要时对施工组织设计进行调整和补充,以适应变化的、动态的施工活动的需要,保证控制目标的实现。

在贯彻执行施工组织设计中,应当随时检查、发现问题、及时解决。主要指标完成情况的检查内容包括工程进度、工程质量、材料消耗、机械使用和成本费用等。施工过程中受到各种条件的制约多、可变因素也多,当施工主、客观条件发生重大变化时,应根据执行情况的检查,对发现的问题及其产生原因,拟定改进措施或方案,对施工组织设计的有关部分或指标逐项进行修正、调整和补充,以使施工组织设计实现新的平衡。

施工组织设计的贯彻、检查和调整是一项经常性工作,必须随着施工的进展情况,加强反馈和及时进行,要贯穿于项目施工过程的始终。

复习思考题

1-1 简述土木工程产品及其生产的特点。

1-2 土木工程生产的组织原则有哪些?

1-3 简述施工组织设计的基本内容。

1-4 简述施工组织设计的分类。

2 施工准备工作

施工准备工作是为拟建工程施工创造必要的技术和物资条件、统筹安排施工力量和部署施工现场、确保工程顺利开工和施工活动正常进行而必须事先做好的各项工作。在土木工程施工中，它不仅存在于开工之前，而且贯穿在整个施工过程之中，是施工程序中的重要环节。大到单项工程，小到分项、子分项工程，开始施工前都要进行准备工作。

2.1 概述

2.1.1 施工准备工作的重要意义

为了保证工程项目顺利地进行施工，必须做好施工准备工作，其重要性表现为以下几个方面。

2.1.1.1 遵循建筑施工程序

施工准备工作是施工阶段必须经历的一个重要环节，是施工管理的重要内容之一，是组织土木工程施工客观规律的要求，是土建施工和设备安装顺利进行的根本保证，其根本任务为正式施工创造良好的条件。不管是整个的建设项目，或是其中的一个单项工程、单位工程，甚至单位工程中的分部、分项工程，在开工之前，都必须进行必要的施工准备。凡事预则立，不预则废。没有做好必要的准备就贸然施工，必然会导致施工现场混乱、物资浪费、停工待料、工程质量不符要求、工期延长等现象的发生，甚至出现安全事故。

2.1.1.2 实现质量、工期、成本、安全四大目标控制，降低施工风险

工程项目施工绝大多数是室外作业，其生产受外界干扰及自然因素的影响较大，不可预见风险较多。只有充分做好施工准备工作，积极采取预防措施，加强应变能力，才能有效地对四大目标进行控制，才能有效地降低风险，减少损失。

2.1.1.3 能创造工程开工和顺利施工条件，赢得企业社会信誉

工程项目施工中不仅需要耗用大量材料、使用许多机械设备、组织安排各工种人力、涉及广泛的社会关系，而且还要处理各种复杂的技术问题、协调各种配合关系等。因此施工前统筹安排和周密准备，才能使工程顺利开工，而且在开工后能连续顺利地施工，得到各方面条件的保证，按合同条件完成工程项目，施工企业就会得到社会认可，为企业赢得社会信誉。

2.1.1.4 提高企业综合经济效益，促进企业发展

若企业认真做好工程项目施工准备工作，充分调动各方面的积极因素，合理组织资源，加快施工进度，提高工程质量，降低工程成本，确保安全生产，就能提高企业经济效益和社会效益，从而能在国际和国内两大竞争激烈的建筑市场上处于优势地位，有利于企业发展。

大量实践证明，施工准备工作的好与坏，将直接影响建筑产品生产的全过程。凡是重视和做好施工准备工作、积极为工程项目施工创造了一切有利条件的，则该工程能顺利开工，取得施工的主动权；如果违背施工程序，忽视施工准备工作，施工准备不充分，或仓促开工，必然导致在工程施工中遇到各种矛盾时，处处被动，最终造成重大的经济损失。

2.1.2 施工准备工作的分类

施工准备工作可按其规模范围的大小、施工阶段的不同进行分类。

2.1.2.1　按准备工作的规模与范围分类

A　全场性施工准备

全场性施工准备是以一个建筑工地为对象而进行的各项施工准备,其目的和内容都是为全场性施工服务的。它不仅要为全场性的施工活动创造有利条件,而且要兼顾单位工程施工条件的准备。全场性施工准备也可称为施工总准备。

B　单位工程施工条件准备

单位工程施工条件准备是以一个建筑物或构筑物为对象而进行的施工准备。其目的、内容都是为该单位工程施工服务的,既要为单位工程做好开工前的一切准备,而且要为分部(分项)工程施工进行作业条件的准备。

C　分部(分项)工程作业条件准备

分部(分项)工程作业条件准备是以一个分部(分项)工程或冬、雨季施工工程为对象而进行的作业条件准备。

2.1.2.2　按施工阶段分类

施工准备工作按拟建工程所处的施工阶段分为两个方面:开工前施工准备和工程施工作业条件的施工准备。

(1)开工前施工准备,就是指工程正式开工之前的场地、劳动力、材料机具、设备等各项准备工作,它带有全局性和总体性。

(2)工程施工作业条件的施工准备,是为某单位工程或某个分部(分项)工程,或某个施工阶段、环节所做的准备工作。通常是在工程开工之后进行,它带有局部性和经常性。

2.2　土木工程施工准备的内容

一般工程项目施工准备工作的内容可归纳为五个部分:施工信息收集、劳动组织准备、施工技术准备、物质准备、施工现场准备,如图 2-1 所示。

2.2.1　土木工程施工信息收集

2.2.1.1　施工信息收集的目的

施工信息收集是施工准备工作的重要内容之一,特别是当一个施工单位进入一个新的城市或地区,这项工作显得更加重要。它关系施工单位全局的部署与安排,对工程项目施工成败具有十分重要的影响。

通过施工信息收集,可查明建设地区的自然条件,以便提供有关资料,作为生产施工的依据;可查明建设地区地方工业、资源、交通运输、劳动资源和生活福利设施等经济因素,获取建设地区技术经济条件资料,以便在施工组织中尽可能利用地方资源和生活福利设施为工程建设服务;同时,施工信息收集也为施工准备和施工资源需求计划提供了依据。

2.2.1.2　施工信息收集的内容

施工信息收集工作归纳起来主要为四个方面:收集有关工程项目特征与要求的资料、收集施工区域的技术经济条件信息、收集社会生活条件信息以及收集其他情况信息。

A　收集有关工程项目特征与要求的资料

收集有关资料是一项具体工作,必须深入细致,要求数据、资料准确,主要有以下内容。

a　地形勘察资料

地形勘察工作主要应提供建设区域地形图、建设地点地形图资料,还包括场地地形图、控制桩与水准基点的位置及现场地形、地貌特征等资料。这些资料将为施工平面图设计提供依据。

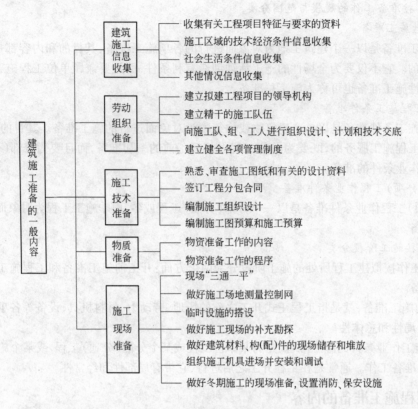

图 2-1　施工准备工作内容

（1）建设区域地形图。它应标明邻近的居民区、工业企业、车站、码头、铁路、公路、河流湖泊、电力网路、给排水管网、采矿（石）场、建筑材料基地等，以及其他公共福利建设的位置。主要用于规划施工现场，确定工人居住区、生产基地，各项临时设施的位置、确定道路、管网的引入及其布置。图形比例一般为 1：10000～1：25000，等高线高差为 5～10m。

（2）建设地点地形图。它是设计施工平面图的重要依据。其比例为 1：2000～1：1000，等高线高差为 0.5～1.0m。图上应标明主要水准点和坐标距离为 100m 或 200m 的方格网，以便进行测量放线，竖向布置，计算土方量。此外，还应标明现有的一切房屋、地上地下管道、线路和构筑物、绿化地带、河流周界线及水面标高、最高供水境界线等。

b　工程地质勘察资料

为了查明建设地区的工程地质条件和特征，应当收集地质勘察资料。其具体内容包括：建设地区钻孔布置图，工程地质剖面图，土壤物理力学性质，土壤压缩试验和承载力的报告，古墓、溶洞的探测报告以及施工区域内现有建筑物、构筑物、沟渠、水井、文物、树木、电力架空线路、人防工程、地下管线、枯井等资料。

c　水文地质勘察资料

水文地质勘察资料包括如下两个方面（为选择基础施工方法提供依据）：

（1）地下水文资料。地下水位高度及变化范围，地下水的流向及流速，地下水的水质分析，地下水对基础有无冲刷、侵蚀影响。

（2）地面水文资料。最高、最低水位，流量及流速，洪水期及山洪情况，水温及冰凉情况，航运及浮运情况，湖泊的贮水量，水质分析等。

d 气象勘察资料

气象勘察资料包括如下三个方面(将为确定冬、雨期季节施工提供依据):

(1)降雨资料。全年降雨量,一日最大降雨量,雨期起止日期等。

(2)气温资料。年平均、最高、最低气温,最冷、最热月的逐月平均温度,冬、夏室外计量温度,低于5℃的天数及起止日期等。

(3)风向资料。主导风向、风速、风的频率,大于或等于8级风全年天数,并应将风向资料绘成风玫瑰图。

B 收集施工区域的技术经济条件信息

收集施工区域技术经济条件信息的目的是,获取建设地区技术经济条件资料,以便在施工组织中尽可能利用地方资源和生活福利设施为工程建设服务。主要内容有:

(1)"三材"信息。"三材"即钢材、木材和水泥。一般情况下应摸清"三材"市场行情,如供应能力、质量、价格、运费情况,当地构件制作、木材加工、金属结构、钢木门窗、成品混凝土、建筑机械供应与维修、运输等情况。

(2)地方资源情况。当地有无可利用的石灰石、石膏石、块石、卵石、河沙、矿渣、粉煤灰等地方材料资源,能否满足建筑施工的要求,开采、运输和利用的可能性及经济合理性。

(3)装饰材料、特殊灯具防水、防腐材料等市场情况。

(4)给水排水条件。调查施工现场用水与当地现有水源连接的可能性、供水能力、接管距离、地点、水压、水质及水费等资料。若当地现有水源不能满足施工用水要求,则要调查附近可作施工生产、生活、消防用水的地面水或地下水源的水质、水量、取水方式、距离等条件。还要调查利用当地排水设施排水的可能性、排水距离、去向等资料。

(5)供电条件。调查收集可供施工使用的电源位置,引入工地的路径和条件,可以满足的容量、电源及电费等资料,或建设单位、施工单位自有的发电设备、供电能力。

(6)地方建筑施工企业情况。如有无采料场、建筑材料、构配件生产企业,企业的规模、位置、产品名称、规格、价格、生产、供应能力,产品运往工地的方法及运费等。

C 收集社会生活条件信息

社会生活条件信息的收集,主要是了解当地能提供的劳动力人数、技术水平、劳动力来源、当地生活水平及生活习惯,可作为施工用的现有房屋情况,当地主副食产品供应、日用品供应、文化教育、消防治安、医疗单位的基本情况,以及能为施工提供的支援能力和便利条件。这些资料将为拟订劳动力安排计划、建立职工生活基地、确定临时设施提供依据。

D 收集其他情况信息

其他情况信息的收集,主要包括下面内容:

(1)建设基地情况。建设地区附近有无建筑机械化基地、机械租赁站及修配厂,有无金属结构及配件和工厂,有无商品混凝土搅拌站和预制构件厂等。

(2)施工企业情况。施工企业的资质等级、技术装备、管理水平、施工经验、社会信誉等有关情况。

(3)供热、供气情况。冬期施工时附近蒸汽的供应量、接管条件和价格;建设单位自有的供热能力以及当地或建设单位可以提供的煤气、压缩空气、氧气的能力和它们至工地的距离等资料。它是确定施工供热、供气的依据。

(4)施工地域交通运输情况。建筑施工主要的交通运输方式一般有铁路、公路、水运和航运等。收集交通运输资料是调查主要材料及构件运输通道的情况,包括道路、街巷,途经的桥涵宽度、高度,允许载重量和转弯半径限制等资料。有超长、超高、超宽或超重的大型构件、大型起重机械和生产工艺设备需整体运输时,还要调查沿途架空电线、天桥的高度,并与有关部门商议避免大件运输对正常交通产生干扰的路线、时间及解决措施。

2.2.1.3 施工信息收集方法

施工信息涉及多部门、多环节、多专业、多渠道,而且施工信息量大,来源广泛,形式多样,一般主要由文字信息、语言信息和新技术信息构成。施工信息的主要任务是为施工准备提供正确的决策,及时掌握准确、完整的信息,可以使施工决策者和施工管理人员耳聪目明,以便卓有成效地完成施工任务,所以要重视信息收集工作,掌握信息收集方法。

通常信息收集的方法有社会调查法、汇报法和资料查阅法。

A 社会调查法

社会调查法是收集施工信息的基本方法,是指收集施工地域广泛的第一手信息资料,再把这些资料信息进行研究,对比分析,得到比较正确、全面准确的信息。该方法被普遍采用,但比较费时、费力、费钱。

B 汇报法

汇报法是收集者召集施工、材料、建设等与施工有关的各部门听取他们的汇报,从中收集信息。该方法收集的信息来源比较广泛,但各信息提供者都有各自的目的,这就要求信息收集者,进行取舍,以便得到可靠信息。

C 资料查阅法

资料查阅法是通过各种媒体、信息网收取信息。该种方法比较方便、直接,但信息有时比较陈旧过时。因此,用这种方法收集信息要注意提供信息的媒体、网络的权威性和时效性,否则就可能收集到失真过时的信息。

2.2.1.4 信息收集报告

根据收集的施工信息和所做的各项施工准备,编写一份报告介绍工程项目施工的基本情况,一般应包括工程概况、施工条件和提出的施工建议方案。

A 工程概况

这部分文字叙述不宜多,力求简洁、突出文字说明,附有必要的图表,以便全面准确地反映工程概况,使整个文件有一个好的开头。内容包括工程地址、建设项目建筑面积和建筑特征及高度,项目所处位置的周围环境和工程地质与水文地质情况、基础的结构形式和埋深,上部结构形式和结构体量,装修过程的内容和要求,内部设备配置的内容和要求,工程的工期要求、质量要求、工程造价、项目的业主情况和设计单位等以及其他应说明的内容。

B 施工条件

施工条件是针对工程特点和施工现场、施工单位的具体情况加以说明,其内容包括现场的地质地貌、"三通一平"情况、材料和预制构件的供应情况、施工机械和机具的供应情况、劳动力的供应、现场临时设施的解决方法等。

C 提出施工建议方案

施工方案的拟订是单位工程施工组织设计的核心内容。选择施工方案必须从单位工程施工的全局出发慎重研究确定,做到方案技术可行、工艺先进、经济合理、措施得力、操作方便。其是否合理,将直接影响到单位工程施工的质量、进度和成本。

施工方案的拟订一般应包括:施工段的划分,确定主要分部分项工程的施工方法,安排施工顺序,选择施工机械,组织各项劳动力资源等,是一个综合的、全面的分析和对比决策过程。它既要考虑施工的技术措施,又必须考虑相应的施工组织措施,确保技术措施的落实。

在拟订施工方案之前,还应先考虑下面一些问题:现场的水电供应条件,施工阶段的划分,各施工阶段主导施工机械的型号、数量及供应条件,材料、构件及半成品的供应条件,劳动力的供应情况,工期的限制等。这些问题作为编制施工方案时的初始依据,并在施工编制过程中逐步调整和完善。

对于不同结构的单位工程,其施工方案拟定的侧重点不同。砖混结构房屋施工,以主体工程施工为主,重点在基础工程的施工方案;单层工业厂房施工,以基础工程、预制工程和吊装工程的施工方案为重点;多层框架则以基础工程和主体框架施工方案为主。另外,施工技术比较复杂、施工难度大或者采用新技术、新工艺、新材料的分部分项工程,还有专业性很强的特殊结构、特殊工程,也应作为施工方案的重点内容。

(1)基础工程。确定土方的开挖方法,选择施工机械,放坡或护坡的方法,地下水的处理,冬、雨期施工措施,土方调配,基础工程的施工方法等。

基础工程强调在保证质量的前提下,要求加快施工速度,突出一个"抢"字;混凝土浇筑要求一次成型,不留施工缝。

(2)预制工程(主要指单层工业厂房)。重点是柱子、屋架等预制构件的现场平面布置图,在现场可以将柱子、屋架分段预制生产,组织流水施工。

(3)结构安装工程。选择起重机械,确定结构安装方案和吊装顺序,绘制预制构件的就位、排放图和起重机械的开行路线、停机点。一般情况下,单层工业厂房多采用分件吊装法;而多层装配式框架和门式钢架多采用综合吊装法。

(4)混凝土结构工程。选择模板类型和支护方法,钢筋加工、运输、安装方法,混凝土的浇筑方法及施工要点,混凝土的质量保证措施和质量评定。

(5)装饰工程。确定屋面防水工程、室外装饰、室内装饰、门窗安装、油漆、玻璃的施工方法和工艺流程。

2.2.2　劳动组织准备

一项工程完成得好坏,很大程度上取决于承担这一工程施工人员的劳动组织情况。它直接关系工程质量,施工进度及工程成本。因此,劳动组织准备是工程开工之前施工准备的一项重要内容。它一般包括建立拟建工程项目的领导机构,建立精干的施工队伍,向施工队、组、工人进行组织设计、计划和技术交底以及建立健全各项管理制度。

2.2.2.1　建立拟建工程项目的领导机构

一个工程项目施工在开工前施工企业就要针对工程特点建立项目部领导机构,一般由公司委托的项目经理进行组建,下设有项目副经理、各种技术负责人和施工班组长等。

工程项目的领导机构的建立应遵循以下原则:

(1)根据工程规模、结构特点和复杂程度,确定施工组织的领导机构名额和人选。

(2)坚持合理分工与密切协作相结合的原则。

(3)把有施工经验、有创新精神、工作效率高的人选入领导机构。

(4)认真执行因事设职、因职选人的原则。对于一般单位工程可设一名工地负责人,再配施工员、质检员、安全员及材料员等即可。对大型的单位工程或群体项目,则需配备一套班子,包括技术、材料、计划等管理人员。

领导机构组建是否妥当,对工程建设项目目标的实现起着至关重要的作用。

2.2.2.2　建立精干的施工队伍

精干的施工队伍必须是一支作风过硬、技术水平高、纪律性强、具有较强战斗力的队伍。它是工程施工的具体操作者和作业者,对工程质量进度及成本影响非常大。施工队伍在具体施工中常常建立各种专业工种的施工班组,应根据工程的特点、现有的劳动力组织情况及施工组织设计的劳动力需要量计划来确定选择。

各有关工种工人的合理组织,一般有以下三种参考形式。

A　砖混结构的房屋

砖混结构的房屋以混合施工班组的形式较好。在结构施工阶段,主要是砌筑工程,应以瓦工为主,配备适量的架子工、木工、钢筋工、混凝土工以及小型机械工等。装饰阶段则以抹灰、油漆工为主,配备适当的木工、管道工和电工等。

这些混合施工队的特点是人员配备较少,工人以本工种为主兼做其他工作,工序之间衔接比较紧凑,因而劳动效率较高。

B　全现浇结构房屋

全现浇结构房屋以专业施工班组的形式较好。主体结构要浇灌大量的钢筋混凝土,故模板工、钢筋工、混凝土工是主要工种。装饰阶段须配备抹灰工、油漆工、木工等。

C　预制装配形式结构房屋

预制装配形式结构房屋以专业施工班组的形式较好。这种结构的施工以构件吊装为主,故应以吊装起重工为主。因焊接量较大,电焊工要充足,并配以适当的木工、钢筋工、混凝土工。同时,应根据填充墙的砌筑量配备一定数量的瓦工。装修阶段须配备抹灰工、油漆工、木工等专业班组。

2.2.2.3　向施工队、组工人进行组织设计、计划和技术交底

根据工程的需要,工程量的大小,专业工种情况及时组建相应的施工队、组的个数和每个队、组的人数,保证在每个工作面连续施工和合理的劳动强度,防止出现工人停工、待工、窝工现象,并符合国家劳动卫生制度。技术交底是施工过程基础性管理工作中一项不可缺少的重要工作内容,有书面交底和口头交底两种形式。班、组交接时,离岗的人员必须向上岗生产人员进行技术交底,便于接替班、组人员继续进行作业。这样既能保证工人顺利进行,又能保证工程质量,否则就可能造成质量安全隐患。因此,当项目部接到设计图纸后,项目经理必须组织项目部全体人员对图纸进行认真学习并督促建设单位组织设计交底会。施工组织设计编制完毕并送审确认后,由项目经理牵头,项目工程师组织全体人员认真学习施工方案,并进行技术、质量、安全书面交底。

在施工过程中,本着谁施工谁负责质量、安全的原则,各分管工种负责人在安排施工任务的同时,必须对施工班组进行书面技术、质量、安全交底。必须做到交底不明确不上岗,不签证不上岗。

2.2.2.4　建立健全各项管理制度

工程项目施工准备过程中,要制定和建立健全各项管理制度,做到制度管人。制度是各项工作顺利开展的保证,要及早准备。施工中的管理制度有很多,如劳动制度、安全管理制度、文明施工制度、仓库管理制度、物资发放制度、工程质量奖罚制度等等。

A　劳动制度

劳动制度确保劳动职工遵守工地劳动纪律、按时作息、按规章操作施工机械、机具等,确保工程质量和安全。

B　安全管理制度

现代化建筑施工把安全和质量放在首要位置,工程现场必须健全安全管理制度。制定安全制度要细致、深入,必须部署到人人皆知,安全生产设施如栏杆、网罩、安全带、安全帽必须配备齐全、安全有效。

C 文明施工制度

现代化建筑施工强调文明施工，要求做到无尘、无噪声、无振动、无污水、无废气，工地外貌文明美观，脚手架整齐安全，施工现场秩序井然。

D 仓库管理制度

严格执行仓库管理制度，制定出入仓库的物资分类登记、出入物资收支明细账表，根据物质的价值、品种、数量、物理性能、化学性质妥善保管，确保数量正确、质量良好。

E 物资发放制度

物资发放应根据供应计划及供料定额开具出库发放凭证，并按规定附有证明文件，否则不能发放。这样可以减少物资流失，避免造成浪费和损失。

2.2.3 施工技术准备

技术资料的准备，即通常所说的室内准备（业内准备），它是施工准备工作的核心。其内容包括：熟悉与会审图纸、编制施工组织设计、编制施工图预算和施工预算。

2.2.3.1 熟悉与会审图纸

A 熟悉审查施工图纸和有关设计资料

一个建筑物或构筑物的施工依据就是施工图纸，施工技术人员必须在施工前熟悉施工图中各项设计的技术要求。在熟悉施工图纸的基础上，由建设、施工、设计单位共同对施工图纸组织会审。会审后要有图纸会审纪要，且由各参加会审单位盖章。

B 熟悉施工图纸的重点

基础及地下室部分：核对建筑、结构、设备施工图纸关于基础留口、留洞的位置及标向，地下室排水的去向，变形缝及人防出口的做法，防水体系的交圈及收头要求等。

主体结构部分：各层所用砂浆、混凝土的强度等级，墙、柱与轴线的关系，梁、柱（包括圈梁、构造柱）的配筋及节点做法，悬挑结构的锚固要求，楼梯间构造，设备图和土建图上洞尺寸及位置的关系。

屋面及装修部分：结构施工应为装修施工提供的预埋件或预留洞，内、外墙和地面的材料做法，屋面防水节点等。

熟悉图纸过程中，对发现的问题应做出标记，做好记录，以便在图纸会审时提出。

C 图纸会审的主要内容

图纸会审一般先由设计人员对设计图纸中的技术要求和有关问题先作介绍和交底，对于各方提出的问题，经充分协商将意见形成图纸会审纪要，由建设单位正式行文，参加会议各单位加盖公章，作为与设计图纸同时使用的技术文件。

图纸会审主要内容包括：施工图的设计是否符合国家有关技术规范；图纸及设计说明是否完整、齐全、清楚；图纸中的尺寸、坐标、轴线、标高、各种管线和道路的交叉连接点是否准确；同一套图纸的前、后各图及建筑与施工图是否吻合，是否矛盾；地上与地下的设计是否有矛盾；施工单位技术装备条件能否满足工程设计的有关技术要求；采用新结构、新工艺、新技术在施工时是否存在困难，土建施工、设备安装、管道、动力、电器安装要求采取特殊技术措施时，施工单位技术上有无困难；是否能确保施工质量和施工安全；设计中所选用的各种材料、配件在组织采购供应时，其品种、规格、性能、质量数量等方面能否满足设计规定的要求；对设计中的不明确或疑问处，请设计人员解释清楚；图纸中的其他问题，应及时与设计方沟通并提出合理化建议。

2.2.3.2 编制施工组织设计

编制施工组织设计是施工准备工作的重要组成部分。施工组织设计是全面安排施工生产的技术经济文件,是指导施工的主要依据。编制施工组织设计本身就是一项重要的施工准备工作,所有施工准备的主要工作均集中反映在施工组织设计中。

施工组织设计文件要经过公司技术部门批准,并报业主、监理单位审批,经批准后方可使用。对于深基坑、脚手架、特殊工艺等关键分项要编制专项方案,必要时,请有关专家会审方案,确保安全施工。

2.2.3.3　编制施工图预算和施工预算

施工组织设计已被批准,即可着手编制单位工程施工图预算和施工预算,以确定人工、材料和机械费用的支出,并确定人工数量、材料消耗数量及机械台班使用量。以便于签订劳务合同和采购合同。

2.2.4　物资准备工作

2.2.4.1　物资准备工作的内容

施工物资准备是指施工中必需的劳动手段(包括施工机械、工具、临时设施)和劳动对象,包括材料、构件等的准备。一般应考虑的内容有建筑材料的准备、预制构件和商品混凝土的准备、施工机具的准备及模板和脚手架的准备。

A　建筑材料的准备

建筑材料的准备主要是根据工料分析,按照施工进度计划的使用要求以及材料储备定额和消耗定额,分别按材料名称、规格、使用时间进行汇总,编出建筑材料需要量计划。建筑材料的准备包括三材、地方材料、装饰材料的准备。准备工作应根据材料的需要量计划,组织货源,确定加工、供应地点和供应方式,签订物资供应合同。

B　预制构件和商品混凝土的准备

工程项目施工中需要大量的预制构件、门窗、金属构件、水泥制品以及卫生洁具等。这些构件、配件必须事先提出订制加工单。对于采用商品混凝土现浇的工程,则先要到生产单位签订供货合同,注明品种、规格、数量、需要时间及送货地点等。

C　施工机具的准备

施工选定的各种土方机械、混凝土、砂浆搅拌设备、垂直及水平运输机械、吊装机械、动力机具、钢筋加工设备、木工机械、焊接设备、打夯机、抽水设备等应根据施工方案和施工进度,确定数量和进场时间。需租赁机械时,应提前签约。

D　模板和脚手架的准备

模板和脚手架是施工现场使用量大、堆放占地大的周转材料。模板及配件规格多、数量大、对堆放场地要求比较高,一定要分规格、型号整齐码放,以便于使用及维修。大钢模一般要求立放,并防止倾倒,在现场也应规划出必要的存放场地。钢管脚手架、桥式脚手架、吊篮脚手架等都应按规定的平面位置堆放整齐,扣件等零件还应防雨、以防锈蚀。

2.2.4.2　物资准备工作的程序

物资准备工作的一般程序如下所述。

A　编制和制定物资需求供应计划

(1)编制项目主要物资设备需用量总计划。根据施工图、施工方案编制该项目所需主要物资用量总计划,分阶段列明所需物资的品名、规定、质量、数目的合同文件及供应协议规定的其他要求,并报业主/业主代表批准。

(2)编报主要物资月度供应计划。审核分包人的月度主要物资供应计划,分包人按分包合同文件的规定、施工进度计划、制作详图等,并充分考虑加工采购周期、运输、验收时间,向总承包人编报月度供应计划,并经总承包人审核。

B　选择物资供应商

(1)根据月度供应计划及供应协议规定,在合理期限内取得业主订购方式、订购时间、进场日期以及需总承包提供某类服务的书面指示。

(2)业主留有指定供应商或直接采购权力的物资应根据月度供应计划及供应协议,在合理期限内取得业主是否行使这一权力的书面指示。

(3)由业主指定供应商的物资(含质量、价格需业主认可的物资)。根据月度供应计划及供应协议向业主编报订购物资的报价单应包括品名、规格、数量,三个以上供应商的名称、价格、质量及其他需要说明情况,并在合理期限内取得业主指定供应商的书面协议。

(4)由总承包自行选择供应商的物资选择供应商应符合合同文件、业主、设计师的规定与要求,并符合以下原则:质量必须符合规范及图纸所确认的种类和标准,该供应商有完善的质量保证体系;价格必须是合理价格,在价格与质量发生矛盾时,行使质量否决权;选择交货及时、有较大规模的生产能力、售后服务好、有良好信誉的供应商。

总承包应保证分包人按上述规定选择供应商。

C　签订购销、加工合同

各类购销、加工合同的签订必须符合合同及施工方案的规定,合同的签订、履行必须符合经济法的规定,并归入经济档案,编制合同履行情况登记表。

D　进场物资验收

(1)物资进入现场或工作区域外的仓库前应及时通知总承包,并准备装卸、验收、堆放的设施与条件。

(2)根据订购、加工合同及技术标准核对品种、规格、图号、代号、几何、尺寸及其数量,并取得合同的质量证明文件。规定需要进行物理(包括防火阻燃)、化学性能检验的,应负责送检,并取得合格的检验文件;规定按样品验收的,必须按样品标准验收。

(3)由业主直接采购的物资,送抵到达地点后,由总承包验收合格后确认,规定由业主确认或质量、数量、规格有误,由总承包在收货后在规定时间内通知业主代表复验确认,并及时做出处理决定。

(4)由总承包采购的物资,送抵到达地点后,由总承包验收合格后确认;规定由发包商确认的,由总承包在收货后24h内通知业主代表复验确认(也可共同验收确认)。

(5)由分包采购的物资,到达送货地点后,由分包验收合格后确认,规定由总承包确认的,分包在24h内通知总承包验收确认,规定由业主确认的,应在总承包验收合格确认后24h内通知业主确认。

(6)未经验收的物资不准动用,不合格材料通知采购方撤离现场。

(7)各类物资质量证明文件应及时归档。

E　资源组织及调整

(1)根据实际进度或业主的书面指示,调整供应计划,并将调整指示送达分包人。

(2)根据供应计划,跟踪供应实际情况,当出现缺货情况时,无论何方责任,应在办理书面指示确认手续后,采取串换、调剂等措施,保证物资供应满足施工进度及质量的需要。

2.2.5　施工现场准备

施工现场的准备即通常所说的室外准备,即外业准备,它是为工程创造有利施工条件的保证,其工作应按施工组织设计的要求进行,主要内容如下所述。

2.2.5.1　现场"三通一平"

在工程用地范围内,接通施工用水、用电、道路和平整场地的工作简称为"三通一平"。其实工地上的实际需要往往不只是水通、电通、路通,有的工地还需要供应蒸汽,架设热力管线,称为"热通";通煤气,称为"气通";通电话作为联络通信工具,称为"话通";还可能因为施工中的特殊要求,有其他的"通",但最基本的还是"三通"。

A　平整施工场地

消除障碍物后,即可进行场地平整工作。平整场地工作是根据建筑施工总平面图规定的标高,通过测量,计算出填挖土方工程量,设计土方调配方案,组织人力或机械进行平整工作。如果工程规模较大,这项工作可以分段进行,先完成第一期开工的工程用地范围内的场地平整工作,再依次进行后续的平整工作,为第一期工程项目尽早开工创造条件。

B　修通道路

施工现场的道路如同工地的动脉。为保证施工物资早日进场,必须按施工总平面图的要求,修好现场永久性道路以及必要的临时道路。为节省工程费用,应尽可能利用已有的道路。为使施工时不损坏路面和加快修路速度,可以先修路基或路基上铺简易路面,施工完毕后,再铺路面。

C　通水

施工现场的通水包括给水和排水两个方面。

施工用水包括生产、生活与消防用水。通水应按施工总平面图的规划进行安排。施工给水设施应尽量利用永久性给水线路。临时管线的铺设,既要满足生产用水的需要和使用方便,还要尽量缩短管线。

施工现场的排水也十分重要,尤其是在雨季、场地排水不畅,会影响施工和运输的顺利进行,因此要做好排水工作。

D　通电

通电包括施工生产用电和生活用电。通电应按施工组织设计要求铺设线路和通电设备。电源首先应考虑从国家电力系统或建设单位已有的电源上获得。如供电系统不能满足施工生产、生活用电的需要,则应考虑在现场建立发电系统,以保证施工的连续顺利进行。

此外,施工中如需要通热、通气或通电信,也应按施工组织设计要求,事先完成。

2.2.5.2　做好施工场地的测量控制网

测量放线的任务是把图纸上所设计好的建筑物、构筑物以及管线测设到地面上或实物上,并用各种标志表现出来,以作为施工的依据。其工作的进行,一般是在土方开挖之前,在施工场地内设置坐标控制网和高程控制点来实现的。这些网点的设置应视工程范围的大小和控制的精度而定。在测量放线前,应做好以下几项准备工作。

A　对测量仪器进行检验和校正

对所用的经纬仪、水准仪、钢尺、水准尺等,应进行校检。

B　了解设计意图,熟悉并校正施工图纸

通过设计交底,了解工程全貌和设计意图,掌握现场情况和定位条件,主要轴线尺寸的相互关系,地上、地下的标高以及测量精度要求。在熟悉施工图纸过程中,应仔细核对图纸尺寸,对轴线尺寸、标高是否齐全以及边界尺寸要特别注意。

C　校核红线桩与水准点

建设单位提供的由城市规划勘测部门给定的建筑红线,在法律上起着建筑边界用地的作用。在使用红线桩前要进行校核,施工过程中要保护好桩位,以便将它作为检查建筑物定位的依据。水准点也同样要校测和保护。红线和水准点经校测发现问题,应提请建设单位处理。

D　制定测量、放线方案

根据设计图纸的要求和施工方案,制定切实可行的测量、放线方案,主要包括平面控制、标高控制、±0.00 以下施测、±0.00 以上施测、沉降观测和竣工测量等项目。

建筑物定位放线是确定整个工程平面位置的关键环节,施测中必须保证精度,杜绝错误,否则其后果将难以处理。建筑物定位、放线,一般通过设计图中平面控制轴线来确定建筑的四角位置,测定并经自检合格后,提交有关部门和甲方(或监理人员)验线,以保证定位的准确性。验线的建筑物放线后,还要请城市规划部门验线,以防止建筑压红线或超红线,为正常顺利地施工创造条件。

2.2.5.3　临时设施的搭设

现场生活和生产用的临时设施,在布置安排时要遵照当地有关规定进行规划布置。如房屋的间距、标准是否符合卫生和防火要求,污水和垃圾的排放是否符合环境的要求等。因此,临时建筑平面图及主要房屋结构图,都应报请城市规划、市政、消防、交通、环境保护等有关部门审查批准。

为了施工方便和安全,对于指定的施工用地的周界,应用围栏围挡起来,围挡的形式和材料及高度应符合市容管理的有关规定和要求。在主要入口处设明标牌,标明工程名称、施工单位、工地负责人等。

各种生产、生活用的临时设施,包括各种仓库、混凝土搅拌站、预制构件场地、机修站、各种生产作业棚、办公用房、宿舍、食堂、文化生活设施等等。均应按标准的施工组织设计规定的数量、标准、面积、位置等要求组织修建。大、中型工程可分批分期修建。

此外,在考虑现场临时设施的搭设时,应尽量利用原有建筑物,尽可能减少临时设施的数量,以便节约用地,节省投资。

2.2.5.4　做好施工现场的补充勘探

工程项目现场尽管业主已提供地质勘察报告,但施工单位为了做到万无一失,应对地质报告不详的地点或施工单位对地质情况有怀疑的地方,承包商在施工现场自行进行勘探,确定地质的具体准确情况,便于施工单位有的放矢地采取措施和顺利完成施工任务。施工现场的补充勘探是一项十分重要的准备工作,对施工质量、工期和成本都产生很大的影响。

2.2.5.5　做好建筑材料、构(配)件的现场储存和堆放

建筑材料、构(配)件的现场储存和堆放也是一项具体细致经常性的工作,要做到分类储存和堆放,还要注意防火、防水和防腐等工作的落实。砂、石、砖等大堆材料分类,集中堆放成方,底脚边用边清;砌体料归类成垛,堆放整齐,碎砖料随用随清,无底脚散料;灰池砌筑符合标准,布局合理、安全、整洁、灰不外送、渣不乱倒;施工设施设备、砖块等集中堆放整齐;大模板成对放稳,角度正确;钢模板及配件、脚手扣件分类分规格,集中存放;竹木杂料,分类堆放,规则成方,不散不乱,不作他用;袋装、散装水泥不混乱,分清强度等级堆放整齐,有制度、有规定,专人管理、限棚发放、分类插标挂牌、记载齐全、正确、牌物账相符,库容整洁,无“上漏下渗”,做好防水工作;钢材、成型钢筋分类集中堆放,整齐成线,钢木门窗分别按规格堆放整齐;木制品防雨、防潮、防火,埋件、铁件分类集中,分格不乱,堆放整齐,混凝土构件分类、分型、分规格,堆放整齐,棱木垫头上下对齐放稳,堆放不超高。特殊材料均要按保管要求,加强管理,分门别类,堆放整齐。冬期施工和雨期施工做好材料储存及防雨水工作。

2.2.5.6　组织施工机具进场并安装和调试

现代化施工现场需大量的施工机具,采用机械化施工,可加快工程进度,减轻劳动强度,提高劳动生产率。充分发挥机械的效能,减少机械台班费用。同时,还应使大型机械与中小型机械相结合,机械化与半机械化相结合,扩大机械化施工范围,实现施工综合机械化,以提高机械化施工

程度。所以,应根据施工机械需求量计划及早做好准备,落实施工机具,组织施工机具进场。施工机具进场后按照施工的需要在施工组织设计中布置的位置按时安装好,并调试运行,以使满足施工的需要。如果不按时组织施工机具进场并安装、调试,将会对工期造成损失,导致施工现场人员停工,带来经济损失。

2.2.5.7 做好冬期施工的现场准备,设置消防、保安设施

A 冬期施工的现场准备工作

土木工程施工绝大部分工作是露天作业,对施工产生的影响较大。为保证按期、保质完成施工任务,必须做好冬期施工现场准备工作。

(1)合理安排冬期施工项目。冬期施工条件差,技术要求高,费用要增加。为此,应考虑将既能保证施工质量,同时费用增加较少的项目安排在冬期施工,如吊装、打桩、室内粉刷、装修(可先安装好门窗及玻璃)等工程;而费用增加很多又不易确保质量的土方、基础、外粉刷、屋面防水等工程,均不宜安排在冬期施工。因此,从施工组织安排上要综合研究,明确冬期施工的项目,做到冬期不停工,且冬期采取的措施费用增加较少。

(2)落实各种热源供应和管理。包括各种热源供应渠道、热源设备和冬期用的各种保温材料的储存和供应、司炉工培训等工作。

(3)做好测温工作。冬期施工昼夜温差较大,为保护施工质量应做好测温工作,防止砂浆、混凝土在达到临界强度前遭受冻结面破坏。

(4)做好保温防冻工作。冬季来临前,做好室内的保温施工项目,如先完成供热系统,安装好门窗玻璃等项目,保证室内其他项目能顺利施工。室外各种临时设施要做好保温防冻,如防止给排水管冻裂,防止道路积水结冰,及时清扫道路上的积雪,以保证运输顺利。

(5)加强安全教育,严防火灾发生。要有防火安全技术措施,并经常检查落实,保证各种热源设备完好。做好职工培训及冬期施工的技术操作和安全施工的教育,确保施工质量,避免事故发生。

B 设置消防、保安设施

施工现场的安全是现代化施工重点考虑的问题之一。安全不仅是施工顺利开展的保证,而且是施工企业确保经济效益的途径。所以,施工企业都十分注重安全的防范,积极设置消防和保安设施,在施工现场布置消防用水的消火栓、灭火器,在施工现场出入口设置保安用房,24h 有保安人员轮流值班,防止闲杂人员进入,确保现场安全施工。

2.3 施工准备工作实施

2.3.1 施工工作计划的编制

为了落实各项施工准备工作,加强检查和监督,必须根据各项施工准备工作的内容、时间和人员,编制出施工准备工作计划。施工准备工作计划表可参照表 2-1。

表 2-1 施工准备工作计划表

序 号	施工准备项目	工作内容	要 求	负责单位及具体落实者	涉及单位	要求完成时间	备 注
1							
2							

由于各准备工作之间有相互依存的关系,除用上述表格编制施工准备工作计划外,还可采用编制施工准备工作网络计划的方法,以明确各项准备工作之间的关系,找出关键路线,并在网络计划图上进行施工准备期的调整,尽量缩短准备工作的时间,使各项工作有领导、有组织、有计划

和分期分批地进行。

2.3.2 施工准备工作责任制的建立

由于施工准备工作范围广、项目多,故必须有严格的责任制度。把施工准备工作的责任落实到有关部门和个人,以便按计划要求的内容和时间进行工作。现场施工准备工作应由项目经理部全权负责,建立严格的施工准备工作责任制。

2.3.2.1 建立施工准备工作检查制度

在施工准备工作实施过程中,应定期进行检查,可按周、半月、月度进行检查。主要检查施工准备工作计划的执行情况。如果没有完成计划要求,应进行分析,找出原因,排除障碍,协调施工准备工作进度或调整施工准备工作计划。检查的方法可用实际与计划进行对比;各相关单位和人员在一起开会,检查施工准备工作情况,当场分析产生问题的原因,提出解决问题的办法。后一种方法见效快,解决问题及时,现场采用较多。

2.3.2.2 坚持按建设程序办事,实行开工报告和审批制度

当施工准备工作完成到具备开工条件后,项目经理部应申请开工报告,报企业领导审批方可开工。实行建设监理的工程,企业还应将开工报告送监理工程师审批,由监理工程师签发开工通知书,在限定时间内开工,不得拖延。单位工程开工报告如表2-2所示。

表 2-2 单位工程开工报告

申报单位: ×质监统编 年 月 日
第××号

工程名称		工程地点	
建筑面积		结构类型、层数	
筹建单位		工程造价	
施工单位		承包方式	
国家定额工期		工地技术负责人	
申请开工日期	年 月 日	计划竣工日期	
序号	单位工程开工的基本条件		完成情况
1	勘察设计资料、图纸会审		
2	供电、给排水		
3	道路畅通		
4	场地平整		
5	施工组织设计(施工方案)的编制、审批		
	(1)施工方案		
	(2)施工进度计划		
	(3)主要材料进场		
	(4)成品、半成品加工、构件供应		
	(5)主要施工机具、设备进场		
	(6)劳动力落实		
	(7)施工平面布置图、现场安全守则及必要措施		

施工单位上级主管部门意见:	筹建单位意见:	质监站意见:
(签章) 年 月 日	(签章) 年 月 日	(签章) 年 月 日

注:本表由施工单位(处、队)填表,一式五份,质监站、筹建单位、银行和主管部门自存。

2.3.3　施工准备工作的持续开展

施工准备工作必须贯穿施工全过程的始终。工程开工以后,要随时做好作业条件的施工准备工作。施工顺利与否,就看施工准备工作的及时性和完善性。因此,企业各职能部门要面向施工现场,像重视施工活动一样重视施工准备工作,及时解决施工准备工作中的技术、机械设备、材料、人力、资金、管理等各种问题,以提供工程施工的保证条件。项目经理应十分重视施工准备工作,加强施工准备工作的计划性,及时做好协调、平衡工作。

此外,由于施工准备工作涉及面广,除了施工单位本身的努力外,还要取得建设单位、监理单位、设计单位、供应单位、银行及其他协作单位的大力支持,分工负责,统一步调,共同做好施工准备工作。

复习思考题

2-1　简述施工准备工作的含义及其分类。

2-2　简述土木工程施工准备的内容。

2-3　简述施工信息收集的内容。

2-4　劳动组织准备包括哪些工作?

2-5　简述施工技术准备的具体内容。

2-6　简述施工现场准备工作有哪些?

3 土木工程流水施工原理

流水作业是分工协作进行产品批量生产的组织方法,分工与批量是流水作业组织的前提,协作是流水作业组织最终的表现形式。其本质在于,通过多件同型产品提供的作业面,使原来在一件产品上必须顺序作业的各加工工序,可在多件同型产品上实现平行作业。这种以分工为基础的科学协作方式,大大提高了生产力,被广泛地运用于工业产品的生产组织。实践证明,作为组织生产的有效方法,流水作业原理也同样适用于土木工程施工,即以众多的施工段作为"批量"产品、以施工队组沿施工段的流动施工代替工业产品的流动。

3.1 基本概念

3.1.1 施工作业组织方式

在组织土木工程施工时,常采用顺序施工、平行施工和流水施工三种组织方式。

3.1.1.1 顺序施工组织方式

顺序施工组织方式是将整个施工项目分解成若干个施工过程,按照一定的施工顺序,前一个施工过程完成后,后一个施工过程才开始施工。它是一种最基本的施工组织方式,一般仅在规模小或工作面有限、工期要求不紧的工程中采用。举例如下:

例 3-1 欲安排某管道工程的施工组织问题。该工程划分为甲、乙、丙三个施工段,有挖沟槽、做垫层,地沟砌筑,管道安装,盖板回填土四个施工过程,每个施工过程的施工天数均为 5d。其中,挖沟槽、做垫层时,工作队由 15 人组成;地沟砌筑时,工作队由 14 人组成;管道安装时,工作队由 8 人组成;盖板回填土时,工作队由 10 人组成。

按照顺序施工组织方式实施建造,其施工进度计划如图 3-1 中"顺序施工"栏所示。

由图 3-1 可以看出,顺序施工组织方式的优点是,施工组织、调度简单,施工作业单一,单位时间内所需需要资源量较少,有利于资源供应组织工作;而缺点是,由组织关系确定的劳动力使用和材料供应不连续,出现窝工现象。

本例中,甲段挖沟槽做垫层工序的施工队组完工后,等待了 15d 后才投入乙段施工,其原因是没有及时充分利用其他施工段提供的作业面,造成施工工期长。

3.1.1.2 平行施工组织方式

平行施工组织方式是同时组织几个相同的工作队,在同一时间、不同的空间上进行施工。例 3-1 中,采用平行施工组织方式的施工进度计划如图 3-1 中"平行施工"栏所示。通常在拟建工程任务十分紧迫、工作面允许以及资源保证供应的条件下才采用。

由图 3-1 可以看出,这种方式的优点在于工作面利用比较充分、工期比较短;而缺点是,投入劳动力成倍增加,机械设备、材料供应过于集中,导致临时设施、仓库增加,从技术经济上看效果并不理想。

3.1.1.3 流水施工组织方式

工业生产的流水作业组织形式与土木工程施工流水施工组织形式有两个显著不同点,其一是产品特点不同,其二是流水线中流动的主体不同。工业产品一般规格型号统一,几何尺寸小,生产具有批量性,产品便于流动和组织有节奏的流水作业;土木工程产品体形庞大,施工具有单件性,要形成流水施工"批量"的要求,就必须将单件的建筑产品化整为零,即形成所谓多件、同型号产品许多相同性质的施工段。另外,工业生产流水线中流动的主体是产品,产品流过固定操作者的位置;土木施工流水线中流动的主体是操作者,操作者流过固定产品的位置。

土木工程施工的流水施工组织方式可以表述为:将拟建工程项目的建造过程,划分成若干个性质相同的分部、分项工程或施工过程,同时将拟建项目在平面上划分成若干个劳动量大致相等的施工段,在竖向上划分成若干个施工层,按照施工过程分别建立相应的专业工作队;各施工段按一定的时间间隔依次开始施工,各工作队按一定的时间间隔依次在各施工段上工作;当施工段足够多(施工段数≥施工队组数)时,形成各工作施工队组在不同施工段上平行施工的局面;在流水线的末端,不断生产出一个个完成了各道工作的施工段,直到完成全部施工任务。

例 3-1 中,采用流水施工组织方式的施工进度计划如图 3-1 中"流水施工"栏所示。与顺序施工、平行施工相比较,流水施工组织方式不仅吸收了顺序施工和平行施工的优点,还克服了二者的缺点。由图 3-1 可以看出,流水施工所用工作专业施工队组的数量、人数与顺序施工的相同,但总工期却大为缩短;所投入的劳动力只有平行施工的三分之一,工期仅略为增加。之所以能够在不增加劳动投入的条件下取得这种效果,正是因为充分利用了众多施工段的工作面。

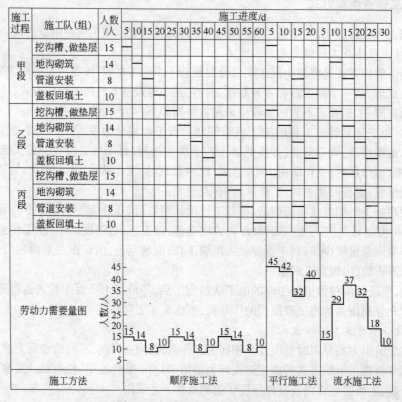

图 3-1　各种施工组织方式的比较

3.1.2　流水施工的分级和表达方式

根据流水施工组织的范围划分,流水施工通常可分为分项工程流水施工、分部工程流水施工、单位工程流水施工和群体工程流水施工。

3.1.2.1　分项工程流水施工

分项工程流水施工也称为细部流水施工。它是在一个专业工种内部组织起来的流水施工,是构成流水施工作业的最基本流水线路。

分项工程流水施工共有两种,一种是工艺细部流水,即各施工过程专业工种施工队组按工艺方法确定的施工顺序,相继对某一个施工段进行加工作业而形成的工作线路;另一种是组织细部流水,即某施工过程的专业施工队组按施工组织确定的施工段的施工顺序,逐段转移施工而形成的工作线路。绘制流水作业指示图表的关键在于正确表达以上两种细部流水,有水平指示图表和垂直指示图表等两种表达方式。

水平图表具有绘制简单、流水施工形象直观的优点。在施工进度计划表上,细部流水是一条标有施工段或工作队编号的水平进度指示线段,如图 3-2 所示。

水平指示图表可用横坐标表示各施工段的流水持续时间、纵坐标表示参见流水的施工过程,此时 n 条水平线段表示 n 个施工段在时间和空间上的流水开展情况,如图 3-2a 所示,实际工作中以这种形式较为常见。

在图 3-2a 中,由工艺方法决定的施工顺序为 Ⅰ→Ⅱ→Ⅲ,共有三条由工艺方法决定的细部流水,第一条是由 Ⅰ、Ⅱ、Ⅲ 三个施工过程的专业施工队组流过施工段 1 而形成的工作线路,即 $Ⅰ_1→Ⅱ_1→Ⅲ_1$,在图中表现为标有 1 的横线条所形成的阶梯状线路;其他两条由工艺关系确定的细部流水分别为 $Ⅰ_2→Ⅱ_2→Ⅲ_2$、$Ⅰ_3→Ⅱ_3→Ⅲ_3$。可知,流水施工对象划分为多少个施工段,就有多少条由工艺关系决定的细部流水线路。施工技术的客观要求,决定了工艺细部流水是不能改变的。

在图 3-2a 中,由组织关系确定的施工段施工顺序为 1→2→3,由组织关系决定的细部流水有三条,第一条是由 Ⅰ 施工过程沿施工段逐段转移施工而形成的细部流水,即 $Ⅰ_1→Ⅰ_2→Ⅰ_3$,在图 3-2a 中表现为对应 Ⅰ 施工过程标有 1、2、3 的横线条所形成的第一条水平状线路;其他两条由组织关系确定的细部流水分别为: $Ⅱ_1→Ⅱ_2→Ⅱ_3$、$Ⅲ_1→Ⅲ_2→Ⅲ_3$。可知,流水施工对象划分为多少个施工过程,就有多少条由组织关系确定的细部流水线路。由组织关系确定的细部流水线路中,各施工过程的施工顺序就是施工段的施工顺序,而施工段的施工顺序是可以根据施工组织有利的原则在施工前进行灵活安排的,即由组织关系确定的细部流水是可变的。

水平指示图表也可用横坐标表示流水施工的持续时间、纵坐标表示开展流水施工的施工段,n 条水平线段表示 n 个施工过程在时间和空间上的流水开展情况,如图 3-2b 所示。同理,其中由工艺方法决定的细部流水 $Ⅰ_1→Ⅱ_1→Ⅲ_1$,表现为对应施工段 1 标有 Ⅰ、Ⅱ、Ⅲ 的横线条形成的水平状线路;由组织决定的细部流水 $Ⅰ_1→Ⅰ_2→Ⅰ_3$,表现为标有 Ⅰ 的横线条形成的阶梯状线路。

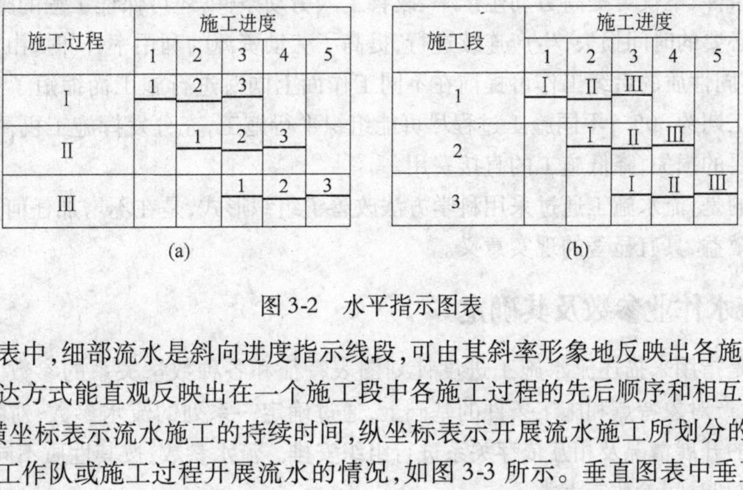

施工过程	施工进度				
	1	2	3	4	5
Ⅰ	1	2	3		
Ⅱ		1	2	3	
Ⅲ			1	2	3

(a)

施工段	施工进度				
	1	2	3	4	5
1	Ⅰ	Ⅱ	Ⅲ		
2		Ⅰ	Ⅱ	Ⅲ	
3			Ⅰ	Ⅱ	Ⅲ

(b)

图 3-2 水平指示图表

在垂直图表中,细部流水是斜向进度指示线段,可由其斜率形象地反映出各施工过程的流水强度。这种表达方式能直观反映出在一个施工段中各施工过程的先后顺序和相互配合关系。在垂直图表中,横坐标表示流水施工的持续时间,纵坐标表示开展流水施工所划分的施工段,斜线段表示各专业工作队或施工过程开展流水的情况,如图 3-3 所示。垂直图表中垂直坐标的施工段编号是由下向上编写的。

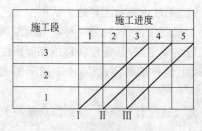

图 3-3　垂直指示图表

3.1.2.2　分部工程流水施工

分部工程流水施工也称为专业流水施工,它是在一个分部工程内部、各分项工程之间组织起来的流水施工。在施工进度计划表上,是一组标有施工段或工作队编号的水平进度指示线段或斜向进度指示线段。图 3-2 就是分部工程流水的例子。

3.1.2.3　单位工程流水施工

单位工程流水施工也称为综合流水施工。它是在一个单位工程内部、各分部工程之间组织起来的流水施工。在项目施工进度计划表上,它是若干组分部工程的进度指示线段,并由此构成单位工程施工进度计划。

3.1.2.4　群体工程流水施工

群体工程流水施工也称为大流水施工。它是在一个个单位工程之间组织起来的流水施工,反映在项目施工进度计划上,是一个项目施工总进度计划。

3.1.3　土木工程流水施工的特点及经济性

3.1.3.1　土木工程流水施工的特点

土木工程的流水施工有如下特点:生产工人和生产设备从一个施工段转移到另一施工段,代替了建设产品的流动;既在产品的水平方向流动(平面流水),又沿产品垂直方向流动(层间流水);在同一施工段上,各施工过程保持了顺序施工的特点,不同施工过程在不同的施工段上又最大限度地保持了平行施工的特点;同一施工过程保持了连续施工的特点,不同施工过程在同一施工段上尽可能保持连续施工;单位时间内生产资源的供应和消耗基本保持一致。

3.1.3.2　土木工程流水施工的经济性

土木工程流水施工的连续性和均衡性便于各种生产资源的组织,使生产能力可得到充分发挥,劳动力、机械设备得到合理安排和使用,从而提高了生产的经济效果。具体表现为,流水施工的均衡性,避免了施工期间劳动力和建筑材料使用的过分集中,有利于劳动资源的组织、供应和运输等;生产班组专业化生产的实现,为操作工人提高劳动技能、改进操作方法以及革新生产工具创造了有利条件,不仅可提高劳动生产率、改善工人劳动条件,还可保证工程的施工质量;流水施工消除了不必要的时间损失,生产连续进行,提高了劳动资源的利用率;同时,由于合理地利用了工作面,使不同性质的后续工作可提前在不同工作面上同时进行施工而缩短了工期。实践表明一般可缩短工期约 30%;不同施工过程尽可能组织平行施工,充分发挥施工机械的生产能力,减少各种不必要的损失,降低施工的直接费用。

值得指出的是,流水施工通过采用科学方法改善了组织形式,是在不增加任何劳动资源情况下取得的经济效益,具有显著的现实意义。

3.2　主要流水作业参数及其确定

流水参数是指用来描述流水施工进度计划图表特征和各种数量关系的参数。组织流水施工,应在研究生产对象特点和施工条件的基础上,通过确定一系列的流水参数,对各施工过程在时间和空间上的开展情况及相互依存关系进行组织安排。流水参数,按其性质不同,可分为工艺参数、空间参数和时间参数三大类。

3.2.1　工艺参数及其确定

在组织流水施工时,用以表达流水施工在施工工艺上开展顺序及其特征的参数,称为工艺参数。即在组织流水施工时,将施工项目的整个建造过程可分解为施工过程的种类、性质和数目的总称。通常,工艺参数包括施工过程、流水强度、工组队数等。

3.2.1.1　施工过程

在土木工程施工中,施工过程所包括范围可大可小,既可以是分部、分项工程,又可以是单位工程或单项工程。它是流水施工的基本参数之一,根据工艺性质不同可分为制备类、运输类和砌筑安装类三种。一般以 n 表示施工过程的数目。

A　制备类施工过程

制备类施工过程是指为了提高施工项目产品的装配化、工厂化、机械化和生产能力而形成的施工过程。如砂浆、混凝土、构配件、制品和门窗框扇等的制备过程。它一般不占有施工对象的空间,不影响项目总工期。因此一般在项目施工进度表上不表示,只有当其占有施工对象空间并影响项目总工期时,才列入项目施工进度表。如在拟建车间、实验室等场地内预制或组装的大型构件等。

B　运输类施工过程

运输类施工过程是指将建筑材料、构配件、(半)成品、制品和设备等运到项目工地仓库或现场操作使用地点而形成的施工过程。它一般不占有施工对象的空间,不影响项目总工期,通常也不列入项目施工进度计划中;仅当其占有施工对象的空间并影响项目总工期时才列入进度计划中,如结构安装工程中采取随运随吊方案的运输过程。

C　砌筑安装类施工过程

砌筑安装类施工过程是指在施工对象的空间上,直接进行加工、最终形成施工项目产品的过程。它占有施工对象的空间,影响着工期的长短,必须列入项目施工进度计划中,而且是项目施工进度表的主要内容。如地下工程、主体工程、结构安装工程、屋面工程和装饰工程等施工过程。

通常,砌筑安装类施工过程按其在项目生产中的作用、工艺性质和复杂程度等不同,可对其进行如下分类:

(1)按其在工程项目生产中的作用划分,有主导施工过程和穿插施工过程两类。所谓主导施工过程,是指那些对工期有直接影响、能为后续施工过程提供工作面、对整个工程项目起决定作用的施工过程,在编制施工进度计划时必须优先考虑,如混合结构主体施工阶段,砌墙和吊装楼板就是主导施工过程;穿插施工过程则是与主导施工过程搭接或平行穿插并受主导施工过程制约的施工过程,如门窗框安装、脚手架搭设等施工过程。

(2)按其工艺性质划分,有连续施工过程和间断施工过程两类。连续施工过程是指工序间不需要技术间歇的施工过程,在前一道工序完成后、后一道工序紧随其后进行,如砖基础的砌筑与回填等施工过程;间断施工过程是指有技术间歇的施工过程,如混凝土浇筑后需要养护等施工过程。

(3)按其施工复杂程度划分,有简单施工过程和复杂施工过程。简单施工过程是指在工艺上由一个工序组成的施工过程,如基础工程中的基槽开挖、土方回填等施工过程;复杂施工过程是指由几个工艺上紧密相连的工序组合而形成的施工过程,如混凝土工程是由混凝土制备、运输、浇筑、振捣等工序组成。

按照上述分类方法,同一施工过程从不同角度分类会有不同的称谓,但这并不影响该施工过程在流水施工中的地位。事实上,有的施工过程既是主导、连续的,又是复杂的施工过程,如砖混结构的主体砌筑工程等施工过程;有的施工过程既是穿插、间断的,又是简单的施工过程,如装饰工程中的油漆工程等施工过程。

3.2.1.2　流水强度

某施工过程在单位时间内所完成的工程量,称为该施工过程的流水强度。流水强度一般以 V_i 表示,它可由公式(3-1)或公式(3-2)计算求得。

A　人工操作流水强度

人工操作流水强度计算公式为

$$V_i = R_i S_i \qquad\qquad (3-1)$$

式中　V_i——某施工过程 i 的人工操作流水强度;

　　　R_i——投入施工过程 i 的专业工作队工人数;

　　　S_i——投入施工过程 i 的专业工作队平均产量定额。

B　机械操作流水强度

机械操作流水强度计算公式为

$$V_i = \sum_{j=1}^{x} R_{ij} S_{ij} \qquad\qquad (3-2)$$

式中　V_i——某施工过程 i 的机械操作流水强度;

　　　R_{ij}——投入施工过程 i 的某种施工机械台数;

　　　S_{ij}——投入施工过程 i 的某种施工机械产量定额;

　　　x——投入施工过程 i 的施工机械种类数。

C　工组队数目

工组队数目是指组织流水施工时各施工过程所安排的投入施工专业工作队的队数,以 b_i 表示。专业工种的施工工作队数目应根据分部流水中划分的施工过程建立,即按专业分工的原则建立相应的专业工种施工队组。一般情况下,专业工种施工队组的数目与分部流水施工中划分的施工过程数相等,即比较常见的是 $b_i = 1$、$\sum b_i = n$ 的安排。

3.2.2　空间参数及其确定

在组织流水施工时,用以表达流水施工在空间布置上所处状态的参数,称为空间参数。空间参数主要有工作面、施工层和施工段等三种。

3.2.2.1　工作面

工作面是指某专业工种工人或队组在从事土木工程施工的过程中,所必须具备的活动空间。工作面的大小决定了施工过程在施工时可能安置的操作工人数和施工机械数量,同时也决定了每一施工过程的工程量;需要根据相应工种的计划产量定额、工程操作规程和安全施工技术规程等的要求确定工作面的大小。工作面的合理与否,直接影响到专业工种工人的劳动生产效率。在生产工人能充分发挥劳动效率、保证施工安全条件下对工作面的最小要求,称为最小工作面。工作面应随工作内容的不同采用不同计量单位,有关工种的最小工作面可参考表3-1

表3-1　有关工种工作面参考数据表

工作项目	每个技工的工作面	工作项目	每个技工的工作面
砌740厚基础	4.2m/人	现浇钢筋混凝土梁	3.20m³/人(机拌、机捣)
砌240砖墙	8.5m/人	现浇钢筋混凝土楼板	5m³/人(机拌、机捣)
砌120砖墙	11m/人	外墙抹灰	16m²/人
砌框架间墙	6m/人	内墙抹灰	18.5m²/人
浇筑混凝土柱、墙基础	8m³/人(机拌、机捣)	卷材屋面	18.5m²/人
现浇钢筋混凝土柱	2.45m³/人(机拌、机捣)	门窗安装	11m²/人

3.2.2.2 施工层

在组织流水施工时,为了满足专业工种对操作高度和施工工艺的要求,将拟建工程项目在竖向上划分的若干个操作层,称为施工层。施工层一般以 j 表示。

施工层的划分,要按工程项目的具体情况,根据建筑物的高度、楼层来确定。如砌筑工程的施工层高度一般为 1.2m,室内抹灰、装饰、油漆玻璃和水电安装等,可按楼层进行施工层划分。

3.2.2.3 施工段

为了有效地组织流水施工,通常把施工对象在平面上按施工工艺和施工组织的要求划分成若干个施工段落,这些施工段落称为施工段。施工段数目常以 m 表示,它是流水施工的基本参数之一。

一般情况下,每一施工段在某一时间内只供一个施工过程的作业班组使用;在一个施工段上,只有前一个施工过程工作队提供了足够工作面时,后一个施工过程工作队才能进入该段从事下一个施工过程的施工。

划分施工段是组织流水施工的基础。由于土木工程产品生产的单件性,可以说它并不适于组织流水施工;但产品体形庞大的固有特征,又为组织流水施工提供了空间条件。划分施工段正是为组织流水施工提供必要的空间条件。其作用在于使某一施工过程能集中施工力量,迅速完成一个施工段上的工作内容,及早空出工作面为下一施工过程提前施工创造条件,从而保证不同施工过程能同时在不同工作面上进行施工。

划分施工段为各施工队组提供了一个有明确界限的施工空间,以便使不同的施工过程能在不同的施工空间内组织连续的、均衡的、有节奏的施工。在不同的分部工程中,可以采用相同或不同的划分办法。在同一分部工程中最好采用统一的段数;但也不能排除特殊情况,如在单层工业厂房的预制工程中,柱和屋架的施工段划分就不一定相同。对于多栋同类型房屋的施工,可按"栋号"为段组织大流水施工。

划分施工段时主要应考虑施工段的段界位置和大小、多少等因素。施工段的段界位置应满足施工技术方面的要求,施工段的大小、多少应满足施工组织方面的要求。

施工段划分的大小与多少应适当,过多势必要减少工人数而延长工期,过少了又会造成资源供应过分集中,给流水施工组织带来困难。划分施工段时应考虑以下几点。

A 有利于结构的整体性

施工段的分界线,应与施工对象的结构构造设置相一致,同时也必须满足施工技术规范的要求。如当房屋中设有沉降缝、抗震缝、伸缩缝、高低层交界线等,则施工段分界线应与这些结构构造设置线相一致;结构对称中心也往往是划分施工段的界限。

多层房屋竖向分段(层)一般与结构层一致。不同分部工程划分施工段的方法是不一样的,这也是流水作业以分部工程为基本对象组织施工的重要原因。如基础施工一般在平面内按长度或区域划分施工段,主体结构一般要在平面上划分施工段并在竖向上也要划分施工层,装修工程一般沿楼层竖向划分施工层等。

B 尽量使主导施工过程工作队能连续施工

由于各施工过程的工程量不同、所需最小工作面不同、施工工艺要求不同等原因,如要求所有工作队都连续工作、所有施工段上都连续有工作队在工作,有时往往是不可能的。具体组织安排时,应尽量避免施工过程或作业班组的非连续施工,特别是对于主导施工过程更应保证连续施工。

C 保证有足够的工作面且符合劳动组合的要求

施工段不能划分得太小,至少应满足施工班组人员和机具最小搭配后的活动范围要求;最小劳动组合是指能充分发挥作业班组劳动效率时的最少工人数及其合理的组合,应根据施工经验确定,如人工打夯一般至少有 6 人才能操作;砌墙应规定技工和普工的比例。若施工段划分太小,为保证最小工作面则必须减少劳动工人数量,不仅会延长工期,甚至会破坏合理劳动组合。

另外,施工段不能划分得过大。如果过大,当施工人员和机具设备较少时,会造成作业面浪费;当施工人员和机具设备充足时,又会形成资源供应高峰集中的不合理现象。

D　各施工段的劳动量基本相等

即施工段的大小应尽可能一致。所谓施工段的大小一致,是指施工段的形状尺寸一致,工程量或劳动量相差不大,以使施工工序每段作业时间相等,有利于流水作业的组织。建设产品的多样性决定了所划分的各施工段工程量不可能都相等,施工段的大小不可能像工业产品那样大小统一、规格一致,因此只能要求尽可能一致,一般控制在 15% 的差别以内,即可通过作业队的努力,基本上达到每段作业时间相等。

E　对于多层和高层建筑物,施工段数目要满足合理流水组织施工组织的要求

如果施工段数少于施工过程专业施工队组数,由于一个施工段上一般只能容纳一个施工队组进行工作,这会使超过施工段数的队组因无作业场所而窝工。当然,如果施工段数多于工序专业施工队组数,则除在每个施工段上安置一个队组外,必然还会有施工段空闲而得不到充分利用;但一定数量施工段的空闲可使作业计划具有弹性,是合理的。若施工段的数量远大于施工段上的施工过程数,则各施工过程的专业施工班组可利用众多不同的施工段充分实现平行作业,提高作业效率。从这个意义上讲,施工段数应大于施工过程专业施工队组数。实际施工中,土木工程产品不可能无限制地划分施工段;但至少应有两个施工段,否则就不可能组织流水作业。

当专业队组要在各施工段上循环性作业时,要求施工段数大于或等于施工过程专业施工队组数。如在多层房屋的主体施工中,不仅要在平面上划分施工段,还要在竖向上划分施工层,各施工过程在每层进行循环性作业,要使各施工过程专业班组不停工、窝工,要求所划分的施工段数至少与施工过程数相同,即满足 $m \geq n$,详见 3.3 节所述;但当组织无层间施工时,施工段数与施工过程(作业组)数之间一般可不受此约束,不过仍以施工段数等于施工过程数为佳。

3.2.3　时间参数及其确定

在组织流水施工时,用以反映一个流水过程中各施工过程在每一施工段上完成工作的速度和彼此在时间上制约关系的参数,称为时间参数。它包括流水节拍、流水步距、间歇时间、搭接时间和流水工期等。

3.2.3.1　流水节拍

流水节拍是指某个施工过程在某个施工段上的工作时间,常用 t_{ij} 表示。其大小受到项目施工方案、流水方式、各施工段投入资源及施工段大小等因素的影响。它反映了流水施工速度的快慢、节奏感的强弱和资源消耗量的多少。由于施工段的大小可能不一致,同一施工过程在不同的施工段上流水节拍可能不一样,因此确定流水节拍就是确定施工过程每段作业时间。确定流水节拍通常有以下两种方法。

A　根据资源的实际投入量计

即根据各施工段的工程量、能够投入的资源量,按式(3-3)进行计算:

$$t_{ij} = \frac{Q_{ij}}{S_i \cdot R_i \cdot N_i} = \frac{Q_{ij} \cdot H_i}{R_i \cdot N_i} = \frac{P_{ij}}{R_i \cdot N_i} \tag{3-3}$$

式中　t_{ij}——第 i 个施工过程在第 j 施工段的流水节拍;

　　　Q_{ij}——第 i 施工过程在第 j 施工段要完成的工程量;

S_i——第 i 施工过程的产量定额;

H_i——第 i 施工过程的时间定额;

P_{ij}——第 i 施工过程在第 j 施工段需要的劳动量或机械台班数量, $P_{ij} = \dfrac{Q_{ij}}{S_i}$ 或 $P_{ij} = Q_{ij} \cdot H_i$;

R_i——第 i 施工过程投入的工作人数或机械台数;

N_i——第 i 施工过程专业工作队的工作班次。

B 根据施工工期确定流水节拍

对在规定日期内必须完成的工程项目,往往采用倒排进度法。即首先根据工期确定某施工过程的工作持续时间,再确定某施工过程在某施工段上的流水节拍;然后用公式(3-3)求得所需的人数或主导施工机械数,同时检查最小工作面是否满足、劳动人员、施工机械和材料供应的可行性等。

流水节拍的大小对工期有直接影响,通常在施工段数不变的情况下,流水节拍越小工期越短。从理论上讲,总是希望流水节拍越短越好;但实际上由于工作面的限制,每一施工过程都有最短的流水节拍。所谓最短的流水节拍,是指工序专业施工队组中每人占有最小作业面,亦即施工段上人数达到饱和情况下的每段作业时间,这个时间在合理条件下不可能再缩短。其数值可按公式(3-4)计算:

$$t_{\min} = \frac{A_{\min} \cdot \mu}{S} \tag{3-4}$$

式中 $t_{\min}$——某施工过程在某施工段的最小流水节拍;

$A_{\min}$——每个工人所需最小工作面;

μ——单位工作面工程量含量;

S——产量定额。

不论按上述哪种方法所确定的流水节拍,都不应小于最短流水节拍。因此在确定流水节拍时,最好先计算出最短的流水节拍作为考虑基础。如果是先确定每段作业时间,也应根据最短流水节拍加以检核;同样,根据最小劳动组合可确定最大流水节拍。然后根据现有条件和施工要求确定合适的人数求得流水节拍,该流水节拍总是在最大和最小流水节拍之间。为避免工作队频繁转移浪费工时,当求得的流水节拍不为整数时应尽量取整数,不得已时可取半天或半天的倍数,即流水节拍在数值上最好是半个班的整倍数。同时还应使实际安排的与计算需要的劳动量相接近。

此外,还应尽可能使同一施工过程乃至不同施工过程的流水节拍相等,以便组织等节奏流水;当不同施工流水节拍相等有一定困难时,应尽可能地使其流水节拍成倍数关系,以便组织异节奏流水。详见3.3节所述。

3.2.3.2 流水步距

相邻两施工过程(或专业工作队组)在保证施工顺序、满足连续施工、最大限度搭接和保证工程质量要求的条件下,先后投入流水施工的时间间隔,称为流水步距,以 $K_{j,j+1}$ 表示。在一般情况下,是指相邻细部流水之间搭接施工的最小时间间隔。做到搭接时间间隔最小,可以充分利用作业面,最大限度地实现不同施工过程的细部流水平行施工,提高施工效率,缩短工期,这正是流水作业精神的体现。

流水步距的数量多少,取决于参加流水的施工过程数或作业班组总数,如施工过程数为 n 个,则流水步距的总数就是 $n-1$ 个。

流水步距的大小对工期影响很大,在施工段不变的情况下,流水步距小工期就短。影响各流水步距数值大小的因素,主要有施工工艺、流水方式和施工条件等。一般来说,确定流水步距时要满足相邻两个专业工作队在施工顺序上的相互制约关系,要保证各专业工作队都能连续作业,要保证相邻两个专业工作队在开工时间上最大限度地、合理地搭接,要保证工程质量、满足安全生产。

不同的流水组织方式中流水步距有具体要求,详见3.3节所述。

3.2.3.3　间歇时间

在流水施工的组织中,除了需考虑两相邻工作队之间流水步距这种时间间隔外,还需考虑因工艺或组织产生间歇要求的时间间隔。后一种时间间隔,按其性质有技术间歇时间和组织间歇时间之分,按其发生时间、部位有层内间歇和层间间歇之分。

A　技术间歇时间和组织间歇时间

土木工程施工中,有时需要根据建筑材料或现浇构件等的工艺性质,考虑合理的工艺等待停歇时间,如混凝土浇筑后的养护时间、砂浆抹面和油漆面的干燥时间等,称为技术间歇时间,一般以 $Z_{j,j+1}$ 表示;组织间歇时间是指由于施工技术或施工组织的要求,两相邻的施工过程在规定的流水步距以外增加必要的时间间隔,以便施工人员对前一施工过程进行检查验收,或为后续施工过程作出必要的技术准备工作,如墙体砌筑前的墙身位置弹线、施工人员和机械转移、回填土前地下管道检查验收等,一般以 $G_{j,j+1}$ 表示。技术间歇时间和组织间歇时间应结合具体工程项目灵活处理,可分别考虑或统一考虑。

B　层内间歇时间和层间间歇时间

层内间歇时间,是指在各施工层的流水进行中,各相邻施工过程间的时间间隔,可能会有多个,因此一般需以 $\sum Z_1$ 或 $\sum G_1$ 表示;而层间技术间歇,是指仅在由本施工层进入下一施工层时才发生的时间间隔,只以 Z_2 或 G_2 表示即可。

特别应指出的是,"有层间"的含意并不单纯指多层建筑结构层之间的层间关系;即使在单层建筑中,某些施工过程也可能有层间关系。如单层工业厂房预制构件叠浇施工时,下层构件施工完毕后才能为上层构件施工提供工作面,组织预制构件的流水施工应按有层间关系制约来考虑。

3.2.3.4　平行搭接时间

在组织流水施工时,有时为了缩短工期,在工作面允许的条件下,如果前一个专业工作队完成部分施工任务后,能够提前为后一个专业工作队提供工作面,使后者提前进入前一个施工段,两者在同一个施工段上平行搭接施工,工期可进一步缩短,施工更趋合理。这个搭接的时间称为平行搭接时间,一般以 $C_{j,j+1}$ 表示。

3.2.3.5　流水工期

流水工期 T 是指一个流水过程中,从第一个施工过程(或工作队)开始进入流水施工,到最后一个施工过程(或工作队)施工结束所需的全部时间。

3.3　流水施工的组织方法

组织流水施工,实质上是组织专业流水。它是流水施工最基本的组织方式,指依靠各专业施工队的协作配合,彼此按照一定顺序作业,形成一种节奏性活动来完成工程对象的相关施工任务。根据各施工过程时间参数特点及其节奏规律的不同,专业流水分为有节奏流水和无节奏流水两种;根据各施工过程流水节拍之间的关系,有节奏流水又分为等节奏流水和异节奏流水两类。流水施工组织方式的具体分类如图3-4所示。

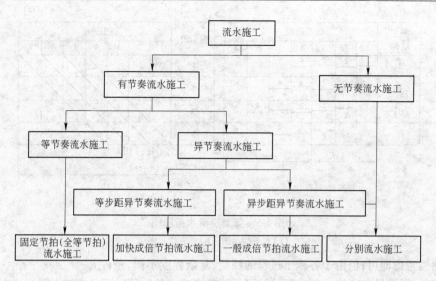

图 3-4 流水施工组织方式

3.3.1 有节奏流水

流水施工的节奏性主要取决于其流水节拍。当组入流水的各施工过程流水节拍具有一定规律时,如同一施工过程在各施工段上的流水节拍彼此都相等,则可将这些施工过程组织成较理想的有节奏流水;其特征是,同一施工过程的流水节拍相等、不同施工过程之间的流水节拍也相等或互成整倍数比关系。根据各施工过程流水节拍之间的不同关系,有节奏流水分为等节奏流水和异节奏流水两类。

3.3.1.1 等节奏流水

A 单层房屋流水

首先考虑 n 个施工过程、划分为 m 个施工段的单层专业流水组织问题。

a 组织条件

设施工过程 $i(i=1,2,\cdots,n)$ 在施工段上 $j(j=1,2,\cdots,m)$ 的节拍为 t_{ij}。若 t_{ij} 满足下列条件:$t_{i1}=t_{i2}=\cdots=t_{ij}=\cdots=t_{im}=t_i$,即同一施工过程在不同施工段上的流水节拍相等,且 $t_1=t_2=\cdots=t_i=\cdots=t_n$,即不同施工过程在同一施工段上的流水节拍也相等。

b 组织方法

采取各施工过程均安排一个专业工作队、总工作队数等于施工过程数的作法,即 $b_i=1$、$\sum b_i=n$;

取定各相邻施工过程间的流水步距为,$K_{1,2}=K_{2,3}=\cdots=K_{i,i+1}=\cdots=K_{n-1,n}=t$,即各流水步距等于流水节拍;

按流水作业原理,可将其组织为效果良好的等节奏流水,也称为固定节拍流水或全等节拍流水或同步距流水。其基本形式如图 3-5 所示。

从垂直图表 3-5b 中可知,各施工过程的进度线是一组斜率相同的平行直线,非常协调;由图 3-5 易知,等节奏流水的工期,可按公式(3-5)计算:

$$T=(n-1)K+mt \tag{3-5}$$

因 $t=K$,所以 $T=(m+n-1)K$。

对于等节奏流水施工,条件 $t_{i1}=t_{i2}=\cdots=t_{ij}=\cdots=t_{im}=t_i$ 较易得到满足,只需在划分施工段

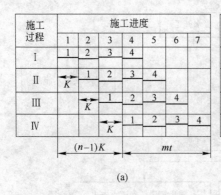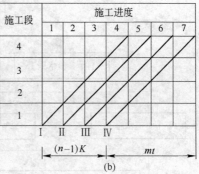

图 3-5　等节奏流水指示图

(a)水平指示图;(b)垂直指示图

时给予适当考虑即可;但由于各施工过程的性质、复杂程度不同,条件 $t_1 = t_2 = \cdots = t_i = \cdots = t_n$ 有时无法满足,详见异节奏流水部分所述。可见等节奏流水是一种组织条件较为严格的方法。

c　组织特点

等节奏流水的组织特点为:专业工作队连续逐段转移,无窝工;专业工作队按工艺关系对施工段连续施工,无工作面空闲;施工过程之间的流水步距相等;施工队数目与施工过程数相等。

d　工期公式

对于有间歇和搭接时间的单层专业流水,其等节奏流水总工期按公式(3-6)计算,如图 3-6 所示。

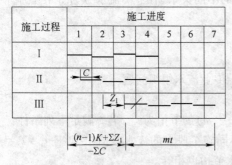

图 3-6　等节奏流水指示图

$$T = (m + n - 1)K + \sum Z_1 - \sum C \qquad (3-6)$$

式中　　$\sum Z_1$——层内间歇时间之和;

　　　　$\sum C$——层内搭接时间之和。

B　多层房屋流水

在多个施工层的流水施工中,欲安排等节奏流水,每层的施工段数 m 与施工过程数 n 应保持一定关系,以保证实现流水效果。讨论 $m > n$、$m = n$、$m < n$ 三种情况。

考虑某局部二层的现浇钢筋混凝土结构的建筑物,有支模板、绑扎钢筋和浇筑混凝土三个施工过程。在竖向上结构层与施工层相一致,即划分两个施工层 $j = 2$。

若按照划分施工段的原则,在平面上其可分成 4 个施工段,即 $m = 4$,$n = 3$,各施工过程在各段上的流水节拍都是 2d;组织等节奏流水,见图 3-7a;可知 $m > n$ 时,各专业工作队能够连续作业,但施工段有空闲。如图 3-7a 中,各施工段在第一层浇完混凝土后均空闲 2d。这种工作面空闲,可用于弥补由于技术间歇、组织管理间歇和备料等要求所必需的时间,是可以接受或合理的。

若按照划分施工段的原则,在平面上也可分成 3 个施工段,即 $m = 3$,$n = 3$,各施工过程在各段上的流水节拍仍是 2d(较之 $m = 4$ 的情况,各段投入资源将增大);组织等节奏流水,见图 3-7b;可知各专业工作队能连续施工,施工段没有空闲,效果最理想。

若按照划分施工段的原则,在平面上也可分成两个施工段,即 $m = 2$,$n = 3$,各施工过程在各段上的流水节拍仍是 2d(较之 $m = 4$ 的情况,各段投入资源进一步增大);组织等节奏流水,见图 3-7c;由图可知当 $m < n$ 时,各专业工作队不能连续作业,施工段没有空闲;因一个施工段只供

一个专业工作队施工,超过施工段数的专业工作队就无工作面而停工。在图 3-7c 中,支模板工作队完成第一层的施工任务后,要停工 2d 才能进行第二层第一段的施工,其他队组同样也要停工 2d,从而工期延长。

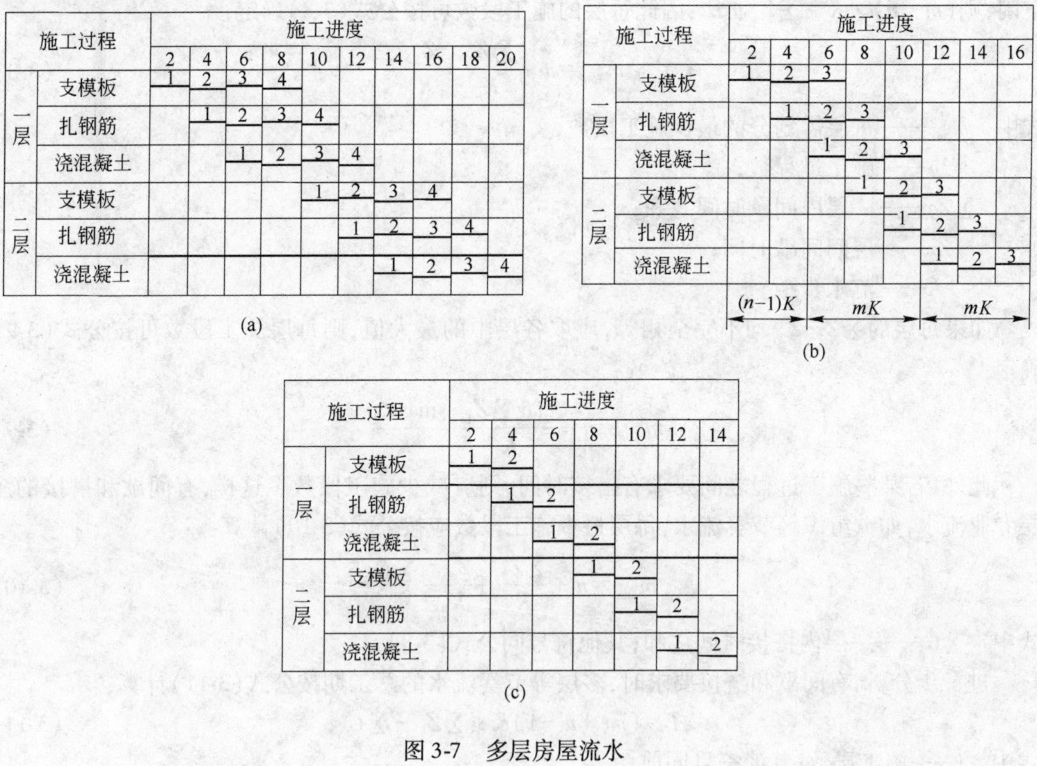

施工过程		施工进度								
		2	4	6	8	10	12	14	16	18	20
一层	支模板	1	2	3	4						
	扎钢筋		1	2	3	4					
	浇混凝土			1	2	3	4				
二层	支模板				1	2	3	4			
	扎钢筋					1	2	3	4		
	浇混凝土						1	2	3	4	

(a)

施工过程		施工进度							
		2	4	6	8	10	12	14	16
一层	支模板	1	2	3					
	扎钢筋		1	2	3				
	浇混凝土			1	2	3			
二层	支模板				1	2	3		
	扎钢筋					1	2	3	
	浇混凝土						1	2	3

| $(n-1)K$ | mK | mK |

(b)

施工过程		施工进度						
		2	4	6	8	10	12	14
一层	支模板	1	2					
	扎钢筋		1	2				
	浇混凝土			1	2			
二层	支模板				1	2		
	扎钢筋					1	2	
	浇混凝土						1	2

(c)

图 3-7　多层房屋流水
(a) $m>n$;(b) $m=n$;(c) $m<n$

从上面的三种情况可以看出:施工段数的多少,直接影响工期的长短。

当 $m>n$ 时,专业工作队连续施工,施工段出现空闲状态,可能会影响工期,但若能在空闲工作面上安排一些准备或辅助工作,如运输类施工过程,则可为后继工作创造条件,属于比较合理的安排;

当 $m=n$ 时,专业工作队连续施工,施工段上始终有工作队在工作,即施工段无空闲状态,是理想情况;而 $m<n$ 时,专业工作队在一个工程中不能连续工作而出现窝工现象,则是施工组织中不可取的安排。

因此,要想保证专业工作队能够连续施工,必须满足 $m\geq n$ 的条件,即每层的施工段数 m 应不小于施工过程数 n。

应当指出,当无层间关系或无施工层(如某些单层建筑物、基础工程等)时,则施工段数不受上述限制,按 3.2 节所述原则确定即可。

由图 3-7b 可知,对于无间歇和搭接时间的多层专业流水,其等节奏流水的总工期按公式(3-7)计算:

$$T=(n-1)K+jmK=(jm+n-1)K \tag{3-7}$$

式中　j——施工层数;其他符号同前。

由图 3-7a 进一步分析可知,在实际施工中若某些施工过程之间要求有间歇时间,欲组织等节奏流水,每层的施工段数应大于施工过程。此时,每层施工段空闲数为 $m-n$,一个空闲施工段

的时间为 t,则每层的空闲时间为 $(m-n)\cdot t=(m-n)K$。

若一个楼层内各施工过程之间的技术、组织间歇时间之和为 $\sum Z_1$,施工层间技术、组织间歇时间之和为 Z_2;如果每层的 $\sum Z_1$、Z_2 均相等,且为了保证连续施工,施工段上除了 $\sum Z_1$ 和 Z_2 外无空闲,则 $(m-n)\cdot K=\sum Z_1+Z_2$,因此每层的施工段数可按公式(3-8)确定:

$$m_{\min}=n+\frac{\sum Z_1}{K}+\frac{Z_2}{K} \tag{3-8}$$

式中　$m_{\min}$——每层需划分的最少施工段数;

　　　　n——施工过程数;

　　$\sum Z_1$——一层内间歇时间之和;

　　　Z_2——层间间歇时间;

　　　K——流水步距。

如果每层的 $\sum Z_1$、Z_2 均不完全相等,应取各层中的最大值,则每层施工段数可按公式(3-9)确定:

$$m_{\min}=n+\frac{\max\sum Z_1}{K}+\frac{\max Z_2}{K} \tag{3-9}$$

此外,若某些施工过程之间要求有搭接时间,则应减少施工段数。这样,有间歇和搭接的多层专业流水,如欲组织等节奏流水,每层最少施工段数应按公式(3-10)计算:

$$m_{\min}=n+\frac{\sum Z_1}{K}+\frac{Z_2}{K}-\frac{\sum C}{K} \tag{3-10}$$

式中　$\sum C$——一层内搭接时间之和;其他符号同公式(3-8)。

进一步分析,有间歇和搭接要求时,多层等节奏流水的总工期按公式(3-11)计算:

$$T=(jm+n-1)K+\sum Z_1-\sum C \tag{3-11}$$

式中　j——施工层数;其他符号同前。

3.3.1.2　异节奏流水

由于施工对象复杂程度不同,施工过程的性质不同,欲采用相同的流水节拍组织流水,存在一定困难。比如,某施工过程要求尽快完成,或某施工过程工程量少,所需作业时间短;或某施工过程的工作面受限制,不能投入较多的资源,所需作业时间就要长一些。于是出现了各施工过程流水节拍不等的情况,即各施工过程的流水节拍满足条件 $t_{i1}=t_{i2}=\cdots=t_{ij}=\cdots=t_{im}=t_i$,但不满足条件 $t_1=t_2=\cdots=t_i=\cdots=t_n$,但某些施工过程的流水节拍为其他施工过程流水节拍的倍数,各流水节拍之间仍表现出明显的节奏规律性,此时可组织效果理想的异节奏流水。

异节奏流水是指在组织流水施工时,同一施工过程在各施工段上的流水节拍彼此相等,不同施工过程在同一施工段上的流水节拍彼此不等、但互为整倍数的流水施工组织方法。

A　单层房屋的流水组织

仍然首先考虑 n 个施工过程、划分为 m 个施工段的单层专业流水组织问题。设施工过程 $i(i=1,2,\cdots,n)$ 在施工段上 $j(j=1,2,\cdots,m)$ 的节拍为 t_{ij}。

a　组织条件

若 t_{ij} 满足下列条件:$t_{i1}=t_{i2}=\cdots=t_{ij}=\cdots=t_{im}=t_i$,即同一施工过程在不同施工段上的流水节拍相等;但不同施工过程在同一施工段上的流水节拍彼此不完全相等。

b　组织方法

由等节奏流水的组织方法可知,安排流水首先要确定工作队数和流水步距两项基本参数。按照同一施工过程投入专业工作队的多少,异节奏流水可分为异步距异节奏流水(一般成倍节拍流水)和等步距异节奏流水(加快成倍节拍流水)两种情况。

异步距异节奏流水(一般成倍节拍流水) 仍采取各施工过程均安排一个专业工作队、总工作队数等于施工过程数的作法,即 $b_i = 1$、$\sum b_i = n$。

各相邻施工过程间的流水步距按下列两种情况确定:

第一种,前一施工过程的流水节拍小于等于后续施工过程的流水节拍,即 $t_i \leqslant t_{i+1}$。

此时,前一施工过程的施工速度比后续施工过程的施工速度快。因此只需在第一施工段上相邻两施工过程能保持正常的流水步距(即施工过程 i 的流水节拍),那么后面所有施工段上都能满足要求。按式(3-12)计算流水步距:

$$K_{i,i+1} = t_i \quad (当\ t_i \leqslant t_{i+1}\ 时) \tag{3-12}$$

如图 3-8 中施工过程 Ⅰ 和 Ⅱ,$t_{\mathrm{I}} < t_{\mathrm{II}}$,$K_{\mathrm{I-II}} = t_{\mathrm{I}} = 1\mathrm{d}$,此时可以得到最短工期。尽管同一施工段上施工过程间时间上衔接不紧,但施工工艺是合理的。

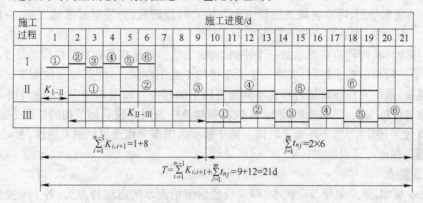

图 3-8　异步距异节奏流水指示图

第二种,前一施工过程的流水节拍大于后续施工过程的流水节拍,即 $t_i > t_{i+1}$。

此时,前一施工过程比后续施工过程速度慢,若仍按上述方法确定流水步距,那么在第二个施工段上就会出现两相邻的施工过程在一个施工段上同时工作、后一施工段上就可能出现施工顺序倒置的现象。为避免发生这种不合理情况,同时要实现全部施工过程的连续作业,应按式(3-13)计算流水步距:

$$K_{i,i+1} = t_i + (t_i - t_{i+1})(m-1) \quad (当\ t_i > t_{i+1}\ 时) \tag{3-13}$$

因时间不能出现负值,所以当 $t_i - t_{i+1} < 0$ 时规定取零,则异步距异节奏流水的流水步距可统一按式(3-13)计算。

如图 3-8 中施工过程 Ⅱ 和 Ⅲ,为满足施工工艺的要求,应从第二施工段开始,后续施工过程必须推迟一段时间施工;若每一施工段上推迟时间取为 $t_{\mathrm{II}} - t_{\mathrm{III}} = 1\mathrm{d}$,此时虽然满足了施工工艺的要求,但施工过程 Ⅲ 不能保持连续施工,尚不够理想。为了施工过程连续作业,后续施工过程开始工作的时间必须继续推迟,从第①施工段就开始推迟各施工段开工 1d,每一施工段上推迟施工的时间应视为流水步距 $K_{\mathrm{II-III}}$ 的组成部分,各段推迟时间共计 $1 \times 5 = 5\mathrm{d}$,再加上正常的 $K_{\mathrm{II-III}} = 3\mathrm{d}$,则 $K_{\mathrm{II-III}} = 8\mathrm{d}$,即按公式计算 $K_{\mathrm{II-III}} = 3 + (3-2) \times (6-1) = 8\mathrm{d}$。

在工作队数和流水步距两项基本参数确定后,就可按流水原理组织异步距异节奏流水,也称为一般成倍节拍流水(较之加快成倍节拍流水而言)。

等步距异节奏流水(加快成倍节拍流水) 异步距异节奏流水施工中,施工段有可能空闲,因而工期较长。空闲施工段所具备的工作面条件,为后续施工过程提前进行施工创造了空间条件。为了能充分利用空间,加快施工进度,如有可能另行再组织后续施工过程所需的劳动资源进入该施工段工作,即对某些主要施工过程增加专业工作队,就既充分利用工作面又缩短工期。具体来讲,若要缩短施工工期、并保持施工的连续性和均衡性,可利用各施工过程之间流水节拍的倍数比关系,取其最大公约数来组建每个施工过程的专业施工队,构成一个工期短、保持流水施工特点、类似于等节奏流水的组织方案,称为等步距异节奏流水,也称为加快成倍节拍流水。

组织等步距异节奏流水时,流水节拍较长的施工过程,需组织多个专业班组参加流水施工,以与其他施工过程保持步调一致。

各施工过程的工作队队数按公式(3-14)计算:

$$b_i = \frac{t_i}{K} \tag{3-14}$$

式中　b_i——第 i 施工过程所需的工作队队数;

　　　t_i——第 i 施工过程的流水节拍;

　　　K——流水步距,可取各施工过程流水节拍 t_i 的公约数,为了尽量缩短工期,一般取最大公约数,且在整个流水过程中为一常数。

可见,作为异步距异节奏流水的一个特例,加快成倍节拍流水是在资源供应满足要求的前提下,对流水节拍较长的施工过程,安排几个同工种的专业工作队,以使其与其他施工过程保持同样的施工速度,最终完成该施工过程在不同施工段上的任务。如图 3-10 所示,它与图 3-8 相比,增加了 3 个专业施工队,工期缩短 1/2。在同类型建筑中采用加快成倍节拍的组织方案,可以收到较好经济效果;但需考虑实际施工时同一施工过程组织多个作业班组的可能性,否则也会由于劳动资源不易保证而延误施工。

　　c　组织特点

由图 3-8 可知,异步距异节奏流水,即一般成倍节拍流水的组织特点为:各个专业施工队能连续作业;施工段有空闲;各施工过程之间的流水步距不完全相等;专业施工队数目与施工过程数相等。

由图 3-9 可知,等步距异节奏流水,即加快成倍节拍流水的组织特点为:同一专业工作队连续逐段转移,无窝工;不同专业工作队按工艺关系对施工段连续加工,无工作面空闲;各施工过程之间的流水步距相等,等于各流水节拍的最大公约数;流水节拍长的施工过程要组建成倍的同型工作队,专业施工队数目大于施工过程数。

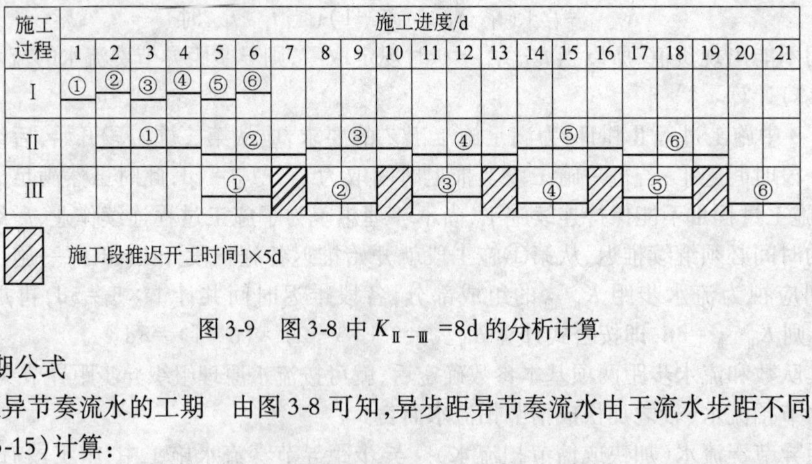

施工过程	施工进度/d																				
	1	2	3	4	5	6	7	8	9	10	11	12	13	14	15	16	17	18	19	20	21
Ⅰ	①	②	③	④	⑤	⑥															
Ⅱ			①			②			③			④			⑤			⑥			
Ⅲ						①		②				③			④			⑤			⑥

▨ 施工段推迟开工时间1×5d

图 3-9　图 3-8 中 $K_{Ⅱ-Ⅲ} = 8d$ 的分析计算

　　d　工期公式

异步距异节奏流水的工期　由图 3-8 可知,异步距异节奏流水由于流水步距不同,流水工期应按公式(3-15)计算:

$$T = \sum_{i=1}^{n-1} K_{i,i+1} + \sum_{j=1}^{m} t_{nj} + \sum Z - \sum C \tag{3-15}$$

式中 $\sum\limits_{i=1}^{n-1} K_{i,i+1}$ ——流水步距之和;

$\qquad \sum\limits_{j=1}^{m} t_{nj}$ ——最后一个施工过程在各施工段上的节拍之和;

$\qquad \sum Z$ ——间歇时间之和;

$\qquad \sum C$ ——搭接时间之和。

需要说明的是,异步距异节奏流水一般仅在单层施工时才采用;有多个施工层时,这种一般成倍拍组织方法并无太大实用价值。

等步距异节奏流水的工期 由前述组织方法可知,等步距异节奏流水是通过合理组建多个同型工作队队组的作法,形成了与等节奏流水一样效果的流水施工。

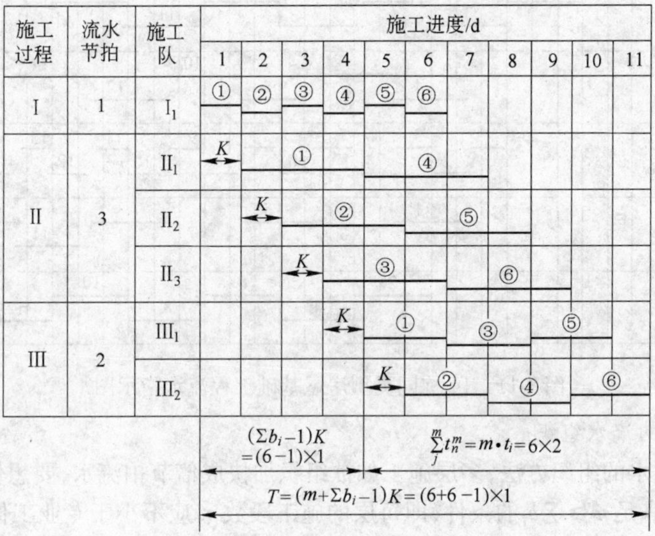

施工过程	流水节拍	施工队	施工进度/d										
			1	2	3	4	5	6	7	8	9	10	11
I	1	I_1	①	②	③	④	⑤	⑥					
II	3	II_1	K		①			④					
		II_2		K		②			⑤				
		II_3			K		③			⑥			
III	2	III_1			K		①		③		⑤		
		III_2				K		②		④		⑥	

$\qquad$ $(\sum b_i - 1)K$ $\qquad$ $\sum\limits_{j}^{m} t_n^m = m \cdot t_i = 6 \times 2$
$\qquad\qquad = (6-1) \times 1$

$\qquad T = (m + \sum b_i - 1)K = (6+6-1) \times 1$

图 3-10 加快成倍节拍流水指示图(单层)

由图 3-10 可知,加快成倍节拍流水中,流水节拍长的施工过程安排了一个以上的工作队、总工作队数 $\sum b_i > n$,对于无间歇和搭接的单层施工,其流水工期为:

$$T = (m + \sum b_i - 1)K \qquad (3\text{-}16)$$

式中 $\sum b_i$ ——各施工过程的工作队总数;其他符号同前。

比较加快成倍节拍流水与等节奏流水的工期表达式(3-6)与式(3-16),二者的差别仅在于,公式(3-6)中施工过程数 n 的位置在公式(3-16)中为工作队总数 $\sum b_i$。这样,对于有间歇和搭接的单层施工,工期公式只需将公式(3-11)中的 n 换为 $\sum b_i$,即

$$T = (m + \sum b_i - 1)K + \sum Z_1 - \sum C \qquad (3\text{-}17)$$

例 3-2 14 栋同类型房屋的基础组织流水作业施工,4 个施工过程的流水节拍分别为 6d、6d、3d、6d。若各项资源可按需要供应,规定工期不得超过 60d。试确定流水步距、工作队数并绘制流水指示图表。

解: 因工期有限制,考虑采用加快成倍节拍流水施工。

流水节拍 6d、6d、3d、6d 的最大公约数是 3,因此取流水步距 $K = 3d$

各施工过程工作队数,$b_1 = \dfrac{t_1}{K} = \dfrac{6}{3} = 2$ 队,同理 $b_2 = 2$ 队,$b_3 = 1$ 队,$b_4 = 2$ 队,$\sum b_i = 7d$

总工期为 $T = \left(m + \sum\limits_{i=1}^{n} b_i - 1 \right) K + \sum Z_1 - \sum C = (14 + 2 + 2 + 1 + 2 - 1)3 + 0 - 0 = 60d$

依次组织各工作队间隔一个流水步距 3d、投入施工。

绘制流水指示图表如图 3-11 所示。

图 3-11   14 栋同类型房屋基础工程流水指示图

B 多层房屋的流水组织

参照等节奏流水的组织方法,多层施工如欲组织加快成倍节拍流水,要想保证专业工作队能够连续施工,必须满足 $m \geqslant \sum b_i$ 的条件,即每层的施工段数 m 应不小于专业工作队数 $\sum b_i$;每层的最少施工段数应按公式(3-18)计算:

$$m_{\min} = \sum b_i + \frac{\sum Z_1}{K} + \frac{Z_2}{K} - \frac{\sum C}{K} \tag{3-18}$$

式中 $\sum b_i$——各施工过程的工作队总数;其他符号同前。

事实上,等节奏流水中由于各施工过程均采用一个工作队,因此施工过程数等于工作队数。若将 n 都视为总工作队数,即 $n = \sum b_i$,则等节奏流水与加快成倍节拍流水(等步距异节奏流水)的有关计算公式可以统一为式(3-5)~式(3-11),其中只需对加快成倍节拍流水将 n 用 $\sum b_i$ 置换即可。

例 3-3 某三层现浇钢筋混凝土工程,支模板、扎钢筋、浇混凝土的流水节拍分别为 4d、2d、2d,扎钢筋与支模板可搭接 1d,层间技术间歇为 1d。若资源可按需供应,试组织流水施工。

解:由题知,$j = 3$,$n = 3$,$t_支 = 4d$,$t_扎 = 2d$,$t_砼 = 2d$,$\sum Z_1 = 0d$;$\sum C = 1d$;$Z_2 = 1d$。

根据流水节拍的特征,考虑采用比较理想的加快成倍节拍流水。

流水步距取各流水节拍的最大公约数,即 $K = 2d$。

工作队队数为 b_1(支模板)$= \dfrac{t_支}{K} = \dfrac{4}{2} = 2$ 队,同理 b_2(扎钢筋)$= 1$ 队,b_3(浇混凝土)$= 1$ 队,$\sum b_i = 4$ 队。

施工段数按公式(3-18)计算 $m = 4 + \dfrac{0}{2} + \dfrac{1}{2} - \dfrac{1}{2} = 4$ 段

流水指示图如图3-12所示。总工期为 $T = (3 \times 4 + 4 - 1) \times 2 + 0 - 1 = 29d$。

本例中,图3-12对公式(3-11)中未包含二层及二层以上的 $\sum Z_1$、$\sum C$ 和 Z_2 给出了直观解释。由图易知,它们均已包括在式中的 jmK 项内。

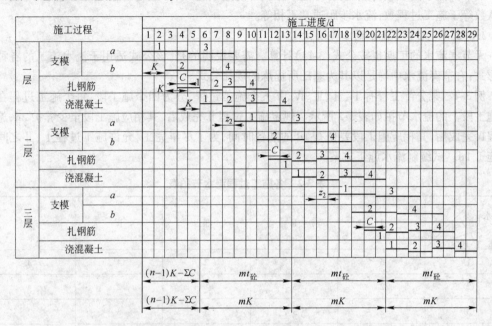

图 3-12　三层现浇钢筋混凝土框架主体结构流水指示图

3.3.2　无节奏流水

前面介绍的有节奏流水,是一种比较理想化的施工组织方法。实际工作中,通常每个施工过程在各个施工段上的工程量彼此不相等,或各个专业工作队的生产效率不同,从而导致大多数施工过程的流水节拍彼此不相等或没有倍数关系。在此情况下,只能按照施工顺序,合理确定相邻专业工作队之间的流水步距,使其在开工时间上争取最大搭接,组织成每个专业施工队都能够连续作业的无节奏流水施工。

应该说无节奏流水是流水施工的普遍组织形式,而有节奏流水则是无节奏流水的特殊形式。

3.3.2.1　无节奏流水及其组织原则

所谓无节奏流水,是在工艺上互相有联系的分项工程,先组织成若干个独立的分项工程流水,然后再按施工顺序联系起来的组织方法。组织无节奏流水的基本要求是保证各施工过程衔接的合理性;各工作队尽量连续工作和各施工段尽量不间歇或少间歇。

当各施工过程在各个施工段上的流水节拍不相等、且变化无规律时,应根据上述原则进行安排。一般来讲,各施工过程安排一个专业工作队比较合理,无节奏流水也按此原则安排。

3.3.2.2　无节奏流水步距的确定

无节奏流水组织的关键是确定流水步距。确定流水步距的方法有很多,以下介绍一种简便、实用的方法。

该方法的文字表达为"累加数列错位相减取大差"。其计算步骤如下:

求同一施工过程专业施工队在各施工段上的流水节拍的累加数列;按施工顺序,将所求相邻的两个施工过程流水节拍的累加数列,向右错位相减;在错位相减结果中数值最大者,即为相邻专业施工队组之间的流水步距。

3.3.2.3　无节奏流水的组织特点

无节奏流水的组织特点是:各专业工作队都能连续施工,个别施工段可能有空闲;专业工作队队数等于施工过程数;流水步距通常不相等。

3.3.2.4　无节奏流水的工期公式

无节奏流水的工期也按公式(3-14)计算。需要说明的是,该公式适用于流水施工的各种组织形式;有节奏流水中均是以其为基础所提炼的规律公式。

例3-4　某分部工程有Ⅰ、Ⅱ、Ⅲ、Ⅳ、Ⅴ五个施工过程,分为四个施工段,每个施工过程在各个施工段上的流水节拍如表3-2所示。规定施工过程Ⅱ完成后,其相应施工段至少养护2d;施工过程Ⅳ完成后,其相应施工段要留有1d的准备时间;为了尽早完工,允许施工过程Ⅰ、Ⅱ之间搭接施工1d。试编制流水施工方案。

表3-2　各施工过程流水节拍表

施工过程 流水节拍/d 施工段	Ⅰ	Ⅱ	Ⅲ	Ⅳ	Ⅴ
①	3	1	2	4	3
②	2	3	3	2	4
③	2	5	3	3	2
④	4	3	5	3	1

解:根据题设条件,该工程只能组织无节奏流水。

首先求流水节拍的累加数列:　Ⅰ:3,5,7,11

Ⅱ:1,4,9,12

Ⅲ:2,3,6,11

Ⅳ:4,6,9,12

Ⅴ:3,7,9,10

接着确定流水步距:$K_{Ⅰ,Ⅱ}$

$$
\begin{array}{r}
3,5,7,11\\
-)\ \ 1,4,9,\ \ 12\\
\hline
3,4,3,2,-12
\end{array}
$$

因此,$K_{Ⅰ,Ⅱ} = \max\{3,4,3,2,-12\} = 4\mathrm{d}$;同理 $K_{Ⅱ,Ⅲ} = 6\mathrm{d}$;$K_{Ⅲ,Ⅳ} = 2\mathrm{d}$;$K_{Ⅳ,Ⅴ} = 4\mathrm{d}$。

根据题设中的 $Z_{Ⅱ,Ⅲ} = 2\mathrm{d}$;$Z_{Ⅳ,Ⅴ} = 1\mathrm{d}$;$C_{Ⅰ,Ⅱ} = 1\mathrm{d}$,以及上述各施工过程间的流水步距,按照流水施工组织原理绘制指示图如图3-13所示。

$$
T = \sum_{i=1}^{n-1} K_{i,i+1} + \sum_{j=1}^{m} t_{nj} + \sum Z - \sum C = (4+6+2+4) + (3+4+2+1) + 2 + 1 - 1 = 28\mathrm{d}
$$

例3-5　某分部工程由 A、B、C、D 四个施工过程组成。各施工过程的流水节拍依次为1d、3d、2d、1d。在劳动资源相对稳定的条件下,试组织流水施工。

解:本例从流水节拍特征来看,可以组织有节奏流水中的异节奏流水。由于劳动资源要求稳定,无法实施加快成倍节拍流水,只能按一般成倍节拍流水考虑。

本例按无节奏流水组织施工。步骤如下:

为使专业工作队连续施工,取施工段数等于施工过程数,且各施工过程均安排一个专业工作

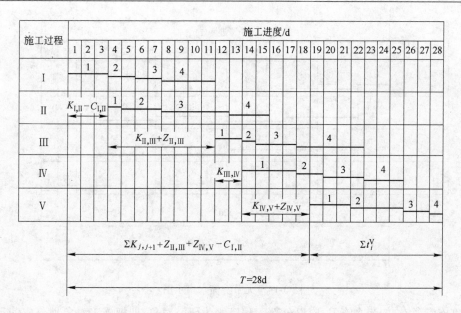

图 3-13 无节奏流水指示图

队。

流水节拍的累加数列为:

$$A:1,2,3,4$$
$$B:3,6,9,12$$
$$C:2,4,6,8$$
$$D:1,2,3,4$$

$$K_{A,B} \qquad \begin{array}{r} 1, \quad 2, \quad 3, \quad 4 \\ -) \quad 3, \quad 6, \quad 9, \quad 12 \\ \hline 1, -1, -3, -5, -12 \end{array}$$

因此,$K_{A,B} = \max\{1, -1, -3, -5, -12\} = 1d$;

同理 $K_{B,C} = 6d$;$K_{C,D} = 5d$。

流水工期为 $T = \sum_{i=1}^{n-1} K_{i,i+1} + \sum_{j=1}^{m} t_{nj} = (1+6+5) + (1+1+1+1) = 16d$

绘制指示图如图 3-14 所示。

由图 3-14 可知,当同一施工段上不同施工过程的流水节拍不同,但互为整倍数关系时,如果不组织多个同型专业工作队完成同一施工过程的任务,流水步距必然不等,只能用无节奏流水的形式组织施工;如果以缩短流水节拍长的施工过程、达到等步距流水,就要在增加劳动力没有问题的情况下,检查工作面是否满足要求;如果延长流水节拍短的施工过程,工期就要延长。到底采用哪一种流水施工的组织形式,除要分析流水节拍的特点外,还要考虑工期要求和承包商自身的具体施工条件。任何一种流水施工的组织形式,仅仅是一种组织管理手段,其最终目的都是要实现工程质量好、工期短、成本低、效益高和安全施工的目标。

3.3.3 流水施工的组织

流水施工组织的基本对象是分部工程,先组织分部工程流水施工,然后将各分部工程的流水线搭接起来即可形成单位工程流水直至建筑群流水。因此,要在土木工程施工中组织一个施工

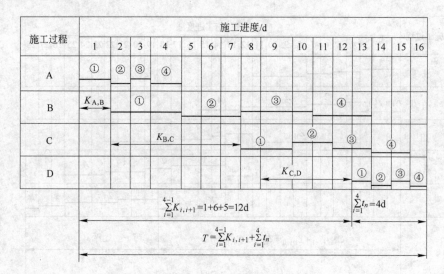

图 3-14　无节奏流水指示图

对象(单栋或多栋)的流水施工,应以分部工程流水为研究对象,即把施工对象划分成若干个施工阶段,如划分成基础工程、主体工程、围护结构工程和装饰工程等,然后分别组织各施工阶段的流水施工。

分部工程流水施工组织的一般方法步骤如下所述。

3.3.3.1　划分施工过程,确定工艺顺序

划分施工过程是指,将一个分部工程的很多细小施工过程进行适当合并,形成几个大的施工过程,并根据其主要性质选取一个合适的名称。合并施工过程时,应以方便施工组织为原则,结合定额分项和类似施工经验来进行。一个分部工程需要划分为多少个施工过程,并无统一规定,一般以既能表达一个工程的完整性、又能做到简单明了为划分原则。施工过程划分好后,应根据施工技术的客观要求确定施工过程的工艺顺序。

例如,一栋民用建筑房屋的施工过程常作如下划分:基础部分常划分为挖土方、铺垫层、筑基础、回填土四个施工过程;砖混结构的主体部分常划分为砌砖墙、浇钢筋混凝土、吊装楼板三个施工过程;框架结构的主体部分则可以划分为筑框架柱、筑框架梁、铺楼板和砌砖墙四个施工过程;屋面工程可作为一个独立的施工过程,安排在主体与装修部分之间或将屋面划分为找平层、防水层、架空隔热层等施工过程;装修部分常划分为外墙装饰、天棚内墙粉刷、楼地面铺筑、安装门窗扇、玻璃油漆五个施工过程;又如单层工业厂房的施工过程常作如下划分:基础部分划分为挖土方、铺垫层、筑基础、回填土;预制工程划分为预制柱、预制梁、预制屋架、预制屋面板;吊装工程划分为吊装柱、吊装梁、吊装屋架、安装屋面板;围护工程划分为砌砖墙、安装门窗;装修工程划分为外粉刷、内粉刷、筑地面、玻璃油漆。

3.3.3.2　确定各施工阶段的主导施工过程

组织流水施工时,往往可按施工顺序划分成许多个分项工程。参加流水的施工过程多少对流水施工的组织影响很大,组织时不可能也没有必要将所有分项工程都组织进去。每一个施工阶段总有几个对工程施工有直接影响的主导施工过程,首先将这些主导施工过程确定下来组织成流水施工,其他施工过程则可根据实际情况与主导施工过程合并。在实际施工中,应根据施工进度计划作用的不同,分部分项工程施工工艺的不同来确定主导施工过程。

3.3.3.3　划分施工段,确定施工段的施工顺序

施工段划分可根据流水施工的原理和施工对象的特点来进行,详见 3.2 节及 3.3 节所述。

施工段划分好后,应根据方便施工、有利于加快施工进度等因素确定施工段的施工顺序,这样各施工过程沿施工段转移的组织顺序也相应确定。

3.3.3.4 专业工种施工队的组织

专业工种施工队的组织包括确定专业工种施工队组数目和确定专业工种施工队组作业人数两项内容。

专业工种施工队组的数目与采用哪种流水方式有关。一般来讲,每一施工段在某一时间内只供一个施工过程的作业班组使用,即专业工种施工队组的数目与分部流水中划分的施工过程数相等。

专业工种施工队组的作业人数应根据最多人数和最少人数两个参数确定。

最多人数,是指施工段上在满足正常施工条件下可容纳的最多人数,可按公式(3-19)计算:

$$R_{max} = \frac{A_0}{A_{min}} \tag{3-19}$$

式中 R_{max} ——最多人数;

A_{min} ——每个工人所需最小作业面;

A_0 ——最小施工段上的作业面;最小施工段是指分部工程所划分的几个施工段中整体工作面最小的施工段。

最少人数 R_{min} 是指合理施工所必须的最少劳动组合人数,如果达不到此要求会影响作业效率,甚至使施工无法进行。如砌砖和抹灰,除了技工之外还必须配备供料的辅助工。

依据以上两个参数,根据流水作业的节奏要求,最后确定一个合适人数 R_0 ,其应满足下式关系:

$$R_{max} \geq R_0 \geq R_{min} \tag{3-20}$$

3.3.3.5 确定各施工过程流水节拍,组织细部流水

各施工过程的流水节拍可按3.2节中所述方法确定。

划分了施工过程,确定了其施工队组;划分了施工段,确定了施工段的转移顺序;有了施工过程的流水节拍,就可以组织各施工过程的细部流水。其原则很简单,即保证施工过程专业队组连续逐段转移、防止窝工即可。

3.3.3.6 确定施工过程间的流水步距

各施工过程细部流水确定后,需要确定各细部流水之间的流水步距,以将其合理搭接,形成分部工程流水。

流水步距应根据流水形式来确定。流水步距的大小对工期影响较大。在可能的情况下组织搭接施工是缩短流水步距的一种方法。在某些流水施工过程中增大那些流水节拍较小的一般施工过程的流水节拍,或将次要施工过程组织成间断施工,也能缩短流水步距,有时还能使施工更合理。

例如,某工程的基础施工,有五个施工过程,组织成三个施工段的等节拍流水,其施工进度如图3-15所示。

图中"垫层"施工过程的流水节拍较小,为保持该施工过程施工的连续性而增大了与前施工过程间的流水步距,实际上也推迟了后续施工过程的开始时间,工期相对要延长。如把该施工过程的流水节拍增大(不超过前施工过程的流水节拍)或组织成间断施工(工艺上也是合理的),则两施工过程间的流水步距必然减小,从而缩短工期。虽然劳动力不连续工作,但可在施工企业内部采取相应的措施予以解决。其施工进度如图3-16所示。

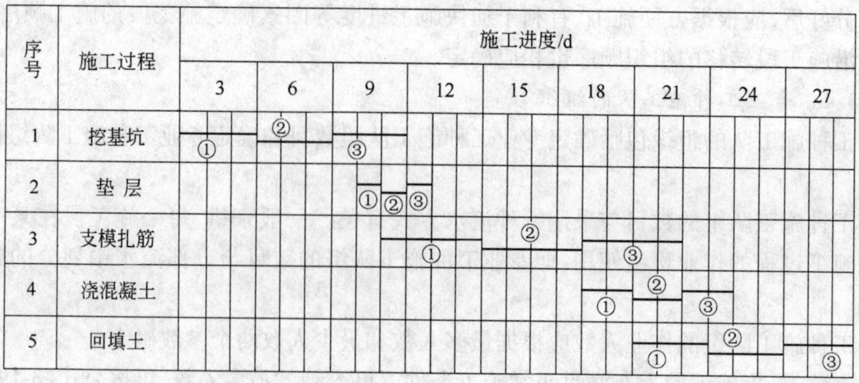

序号	施工过程	施工进度/d								
		3	6	9	12	15	18	21	24	27
1	挖基坑	①	②	③						
2	垫 层			①②③						
3	支模扎筋				①	②	③			
4	浇混凝土						①	②③		
5	回填土							①	②	③

图 3-15　某基础流水施工进度之一

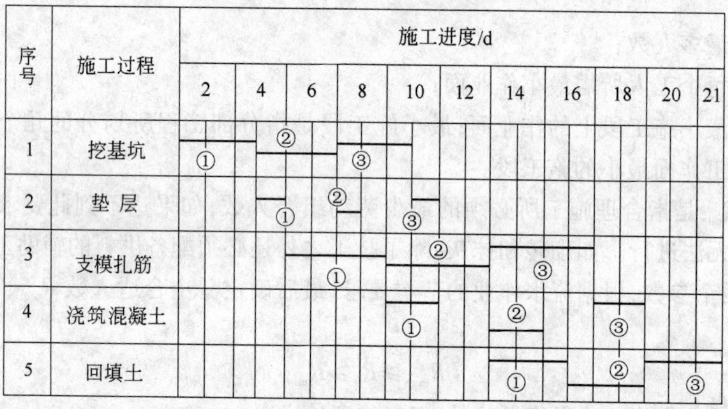

序号	施工过程	施工进度/d										
		2	4	6	8	10	12	14	16	18	20	21
1	挖基坑	①		②	③							
2	垫 层			①		③						
3	支模扎筋				①		②		③			
4	浇筑混凝土					①				③		
5	回填土							①		②		③

图 3-16　某基础流水施工进度之二

3.3.3.7　搭接细部流水,组成分部工程流水,组织整个工程的流水施工

各施工阶段(分部工程)的流水施工都组织好后,根据流水施工原理和各施工阶段之间的工艺关系,按流水步距搭接各细部流水,组成分部工程流水,将其组织起来就形成整个工程完整的流水施工,最后绘出流水施工进度计划表。

3.3.4　流水线法及其组织

3.3.4.1　流水线法的提出

在工程中常会遇到延伸很长的构筑物,如道路、管道、沟渠等,它们的长度往往可达数百、甚至数千公里,称为线形工程。

对于线形工程,由于其工程量是沿着长度方向均匀分布、且结构情况一致,所以可将对象划分为若干个施工过程,分别组织施工队,然后各施工段按照一定的工艺顺序相继投入施工,各施工队以某种不变的速度沿着线形工程的长度方向不断地向前移动,每天完成同样长度的工作量。这种流水组织方法称为流水线法。

3.3.4.2　流水线法的组织

流水线法只适用于线形工程。与前面介绍的流水施工不同的是,流水线法没有明确的施工段,只有进展速度问题。其组织步骤如下:

(1)将工程对象划分成若干个施工过程,并组织相应的专业工作队。

(2)通过分析,找出主导施工过程。

(3)根据主导施工过程专业工作队的生产能力确定其移动速度。

(4)依据这一速度,确定其他施工过程的移动速度并配备相应的资源。

(5)根据工程特点及施工工艺、施工组织要求,确定流水步距和间歇、搭接时间。

(6)组织各工作队按照工艺顺序相继投入施工,并以一定的速度沿着线形工程的长度方向不断向前移动。

3.3.4.3 流水线法的工期

流水线法施工工期为:

$$T = (n' - 1)K + \frac{L}{v}K + \sum Z_1 - \sum C$$

令 $m = L/v$,则

$$T = (m + n' - 1)K + \sum Z_1 - \sum C \tag{3-21}$$

式中 　L——线形工程总长度;

　　　v——移动速度(每个步距时间移动的距离);

　　　n'——工作队数;

　　　K——流水步距;

　　　Z_1——施工过程间的间歇时间;

　　　C——施工过程间的搭接时间。

例3-6　如某管道工程长 1000m,包括挖沟、铺管、焊接和回填 4 个主要施工过程,拟组织 4 个相应的专业工作队流水施工。经分析,挖沟是主导施工过程,每天可完成 100m,其他施工过程及资源配备也按此速度向前推进;流水步距可取 1d,要求焊接后需经 1d 检查验收后方可回填。

解:$m = 1000/100 = 10$,$K = 1d$,

$$\sum Z_1 = 1d, \sum C = 0d$$

流水工期为

$$T = (10 + 4 - 1) \times 1 + 1 - 0 = 14d$$

其流水施工进度计划如图 3-17 所示。

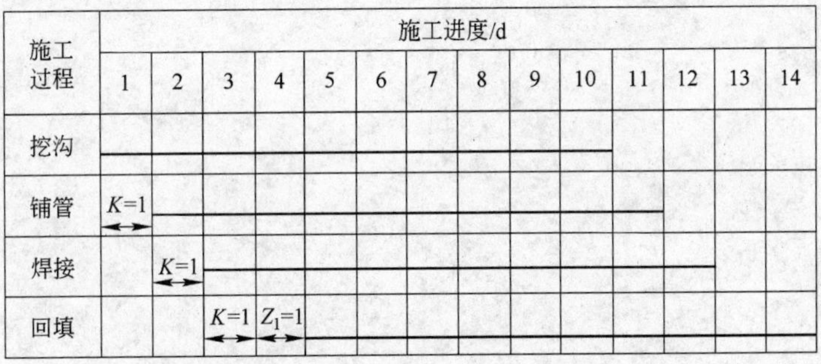

施工过程	施工进度/d													
	1	2	3	4	5	6	7	8	9	10	11	12	13	14
挖沟														
铺管	$K=1$													
焊接		$K=1$												
回填			$K=1$ $Z_1=1$											

图 3-17　某管道工程流水线法施工进度计划

复习思考题

3-1　组织施工有哪几种方式?试述各自的特点。

3-2　简述流水参数的含义及其分类。

3-3　施工过程的划分与哪些因素有关?

3-4　施工段划分的基本要求是什么,如何正确划分施工段?

3-5　什么是流水节拍和流水步距,确定流水节拍时要考虑哪些因素?

3-6　流水施工按节奏特征不同可分为哪几种方式,各有何特点?

3-7　如何组织全等节拍流水?

3-8　如何组织成倍节拍流水?

3-9　如何确定无节奏流水的流水步距?

3-10　某工程有 A、B、C 三个施工过程,每个施工过程均划分为三个施工段,节拍分别为 $t_A = 3d$、$t_B = 2d$、$t_C = 4d$。试分别计算顺序、平行及流水等三种施工方式的工期,并绘出各自的施工进度计划表。

3-11　某二层现浇钢筋混凝土工程,其框架平面尺寸为 15m×144m,沿长度方向每隔 48m 设伸缩缝一道。已知 $t_{扎} = 2d$、$t_{模} = 1d$、$t_{浇} = 3d$,层间技术间歇为 2d。试组织流水施工并绘制进度表。

3-12　根据表 3-3 中数据,组织流水施工并绘制进度表。

表 3-3

施工过程 施工段	A	B	C	D	E
1	4	2	1	5	4
2	3	3	4	2	2
3	2	3	3	4	1
4	2	4	4	3	2

4 网络计划技术

网络计划技术是随着现代科技和工业生产发展而产生的一种管理方法。国内外多年的工程实践证明,应用网络计划技术组织与管理生产,一般能缩短时间20%左右,降低成本10%左右。

4.1 概述

4.1.1 网络计划技术的发展历程

网络计划技术于20世纪50年代后期出现于美国,其中应用最早的是关键线路法(CPM)和计划评审技术(PERT)。

当前,世界上工业发达国家都非常重视现代管理科学,美国、日本、德国和俄罗斯等国建筑界公认网络计划技术为当前最先进的计划管理方法,其主要用于进行规划、计划和实施控制,在缩短建设周期、提高工效、降低造价以及提高生产管理水平方面取得了显著的效果。

我国从20世纪60年代中期,在已故著名数学家华罗庚教授的倡导下,开始在国民经济各部门试点应用网络计划方法,当时将这种方法命名为"统筹方法",此后在工农业生产实践中开展了推广和应用;1980年成立了全国性的统筹法研究会,1982年在中国建筑学会的支持下,成立了建筑统筹管理研究会;目前,全国多所高校的土木和管理专业都开设了网络计划技术课程;我国推行工程项目管理和工程建设监理的企业和人员均进行网络计划学习和应用。网络计划技术是工程进度控制的最有效方法,已有多项工程的成功应用实例。

为了进一步推进网络计划技术的研究、应用和教学,我国于1991年发布了行业标准《工程网络计划》,1992年发布了国家标准《网络计划技术》,将网络计划技术的研究和应用提升到新水平。十几年来,这些标准化文件在规范网络计划技术的应用、促进该领域科学的研究等方面发挥了重要作用。目前正在使用中的是2000年2月1日起施行的《工程网络计划技术规程》。

4.1.2 网络计划的分类

按照不同的分类原则,可以将网络计划分成不同的类型。

4.1.2.1 按性质分类

A 肯定型网络计划

肯定型网络计划是指工作、工作与工作之间的逻辑关系以及工作持续时间都肯定的网络计划。在这种网络计划中,各项工作的持续时间都是确定的单一的数值,整个网络计划有确定的计划总工期。

B 非肯定型网络计划

非肯定型网络计划是指工作、工作与工作之间的逻辑关系和工作持续时间中一项或多项不肯定的网络计划。在这种网络计划中,各项工作的持续时间只能按概率方法确定出三个值,整个网络计划无确定的计划总工期。

4.1.2.2 按表示方法分类

A 单代号网络计划

单代号网络计划是指以单代号表示法绘制的网络计划。在网络图中,每个节点表示一项工作,箭线仅用来表示各项工作间相互制约、相互依赖关系。详见4.3节所述。

B　双代号网络计划

双代号网络计划是以双代号表示法绘制的网络计划。在网络图中,箭线用来表示工作。目前,施工企业多采用这种网络计划。详见4.2节所述。

4.1.2.3　按目标分类

A　单目标网络计划

单目标网络计划是指只有一个终点节点的网络计划,即网络图只具有一个最终目标。如一个建筑物的施工进度计划只有一个工期目标的网络计划。

B　多目标网络计划

多目标网络计划是指终点节点不止一个的网络计划。此种网络计划具有若干个独立的最终目标。

4.1.2.4　按有无时间坐标分类

A　时标网络计划

时标网络计划是指以时间坐标为尺度绘制的网络计划。在网络图中,每项工作箭线的水平投影长度,与其持续时间成正比。如编制资源优化的网络计划即为时标网络计划。

B　非时标网络计划

非时标网络计划是指不按时间坐标绘制的网络计划。在网络图中,工作箭线长度与持续时间无关,可按需要绘制。通常绘制的网络计划都是非时标网络计划。

4.1.2.5　按层次分类

A　分级网络计划

分级网络计划是根据不同管理层次的需要而编制的范围大小不同,详细程度不同的网络计划。

B　总网络计划

总网络计划是以整个计划任务为对象编制的网络计划,如群体网络计划或单项工程网络计划。

C　局部网络计划

局部网络计划以计划任务的某一部分为对象编制的网络计划称为局部网络计划,如分部工程网络图。

4.1.2.6　按工作衔接特点分类

A　普通网络计划

工作间关系均按首尾衔接关系绘制的网络计划称为普通网络计划。

B　搭接网络计划

按照各种规定的搭接时距绘制的网络计划称为搭接网络计划,网络图中既能反映各种搭接关系,又能反映相互衔接关系。

C　流水网络计划

充分反映流水施工特点的网络计划称为流水网络计划。

4.2　双代号网络计划

目前在我国工程施工中,经常采用双代号网络图表示工程进度计划。这种网络图是由若干表示工作的箭线和节点所组成的,其中每一项工作都用一根箭线和两个节点来表示,每个节点都编以号码,箭线前后两个节点号码即代表该箭线所表示的工作,"双代号"的名称即由此而来。

4.2.1 双代号网络图的组成

双代号网络图主要由工作、节点和线路三个基本要素组成。

4.2.1.1 工作

A 工作的表达

工作又称工序、活动,是指计划任务按需要粗细程度划分而成的一个消耗时间或消耗资源的子项目或子任务。它是网络图的组成要素之一,在双代号网络图中工作用一条箭线与其两端的圆圈(节点)表示,见图 4-1,图中 i 为箭尾节点,表示工作的开始;j 为箭头节点,表示工作的结束。工作的名称写在箭线的上面,完成工作所需要的时间写在箭线的下面,如图 4-1a 所示;若箭线垂直画时,工作名称写在箭线左侧,工作持续时间写在箭线右侧,如图 4-1b 所示。

根据一项计划(或工程)的规模不同,其划分的粗细程度、大小范围也不同。如对于一个规模较大的建设项目来讲,一项工作可能代表一个单位工程或一个构筑物;如对于一个单位工程,一项工作可能只代表一个分部或分项工作。

工作箭线的长度和方向,在无时间坐标的网络图中,原则上可以任意画,但必须满足网络逻辑关系,且在同一张网络图中,箭线的画法要求统一。箭线的长度按美观和需要而定,其方向尽可能由左向右画出。箭线优先选用水平方向。在有时间坐标的网络图中,其箭线的长度必须根据完成该项工作所需持续时间的大小按比例绘制。

B 工作的分类

(1)按照工作是否需要消耗时间或资源,工作通常可以分为三种:

1)需要消耗时间和资源的工作(如浇筑基础混凝土)。

图 4-1 双代号网络中的工作

2)只消耗时间而不消耗资源的工作(如混凝土的养护)。

3)既不消耗时间,也不消耗资源的工作。

前两种是实际存在的工作,称其为"实工作",用实箭线表示;后一种是人为的虚设工作,只表示相邻前后工作之间的逻辑关系,称为"虚工作",以虚箭线表示,如图 4-2 所示。

(2)按照网络图中工作之间的相互关系,可将工作分为:

1)紧前工作。如图 4-3 所示,相对工作 $i-j$ 而言,紧排在本工作 $i-j$ 之前的工作 $h-i$,称为工作 $i-j$ 的紧前工作,即工作 $h-i$ 完成后本工作即可开始。

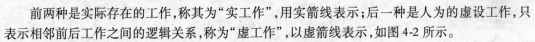

图 4-2 双代号网络中的虚工作

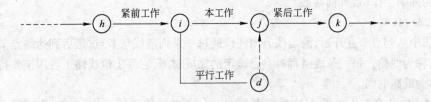

图 4-3 工作间的关系

2)紧后工作。如图4-3所示,紧排在本工作$i-j$之后的工作$j-k$称为工作$i-j$的紧后工作,本工作完成之后,紧后工作即可开始。否则,紧后工作就不能开始。

3)平行工作。如图4-3所示,可以和本工作$i-j$同时开始和同时结束的工作,$i-d$就是$i-j$的平行工作。

4)起始工作。即没有紧前工作的工作。

5)结束工作。即没有紧后工作的工作。

6)先行工作。自起点节点至本工作开始节点之前各条线路上的所有工作,称为本工作的先行工作。

7)后续工作。本工作结束节点之后至终点节点之前各条线路上的所有工作,称为本工作的后续工作。

绘制网络图时,最重要的是明确各工作之间的紧前或紧后关系,其他任何复杂的关系都能借助网络图中的紧前或紧后关系表达出来。

4.2.1.2　节点

在网络图中箭线的出发和交汇处画上圆圈,用以标志该圆圈前面一项或若干项工作的结束、允许后面一项或若干项工作的开始的时刻,称为节点(也称为结点、事件)。

在网络图中,节点不同于工作,它只标志着工作的结束和开始的瞬间,具有承上启下的衔接作用,而不需要消耗时间或资源。如图4-4中的节点3,它表示工作B的结束时刻和工作D、E的开始时刻。节点的另一个作用如前所述,在网络图中,一项工作用其前后两个节点的编号表示。如图4-4中,工作E用节点"3-5"表示。

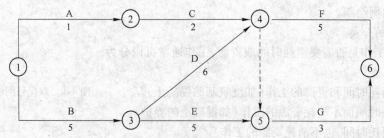

图4-4　双代号网络示意图

箭线出发的节点称为开始节点,箭线进入的节点称为完成节点,表示整个计划开始的节点称为网络图的起点节点,表示整个计划最终完成的节点称为网络图的终点节点,其余称为中间节点。所有的中间节点都具有双重的含义,既是前面工作的完成节点,又是后面工作的开始节点。如图4-5a所示。

在一个网络图中可以有许多工作通向一个节点,也可以有许多工作由同一个节点出发(图4-5b)。把通向某节点的工作称为该节点的内向工作(或内向箭线);把从某节点出发的工作称为该节点的外向工作(或外向箭线)。

4.2.1.3　线路

网络图中从起点节点开始,沿箭线方向连续通过一系列箭线与节点,最后到达终点节点所经过的通路,称为线路。每一条线路都有自己确定的完成时间,它等于该线路上各项工作持续时间的总和,称为线路时间。

如图4-4中共有5条线路,其中线路中1—3—4—6的线路时间最长,为16个时间单位。像这样在网络图中线路时间最长的线路称为关键线路,位于关键线路上的工作为关键工作,关键线

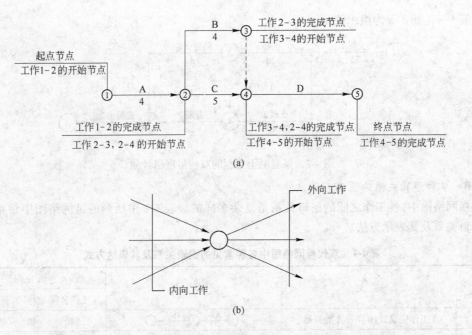

(a)

(b)

图 4-5　节点示意图

路上的节点称为关键节点。

在网络图中关键线路有时不止一条,可能同时存在几条关键线路,即这几条线路上的线路时间相同且是线路时间的最大值;关键线路并不是一成不变的。在一定的条件下,关键线路和非关键线路可以相互转化;位于非关键线路上的工作,除关键工作外,其余为非关键工作,它具有机动时间(即时差)。非关键工作也不是一成不变的,它可以转化为关键工作,利用非关键工作的机动时间可科学地、合理地调配资源和对网络计划进行优化。

4.2.2　双代号网络图的绘制

4.2.2.1　双代号网络图中的逻辑关系及表示方法

A　逻辑关系

逻辑关系,是指工作进行时客观上存在的一种相互制约或依赖的关系,也就是先后顺序关系。各工作间的逻辑关系的表示是否正确,是网络图能否反映工程实际情况的关键。

要画出一个正确反映工程逻辑关系的网络图,首先要具体解决每项工作的三个问题:该工作必须在哪些工作之前进行? 该工作必须在哪些工作之后进行? 该工作可以与哪些工作平行进行? 如图 4-6 所示,就工作 B 而言,它必须在工作 E 之前进行,是工作 E 的紧前工作;工作 B 必须在工作 A 之后进行,是工作 A 的紧后工作;工作 B 可与工作 C 和工作 D 平行进行,是工作 C 和工作 D 的平行工作。

这种严格的逻辑关系,必须根据施工工艺和组织的要求加以确定。其中工艺关系是指生产性工作之间由工艺过程决定的、非生产性工作之间由工作程序决定的先后顺序关系,如图 4-7 所示,支模 1→扎筋 1→混凝土 1 为工艺关系;组织关系是指工作之间由于组织安排需要或资源配需要而规定的先后顺序关系,如图 4-7 所示,支模 1→支模

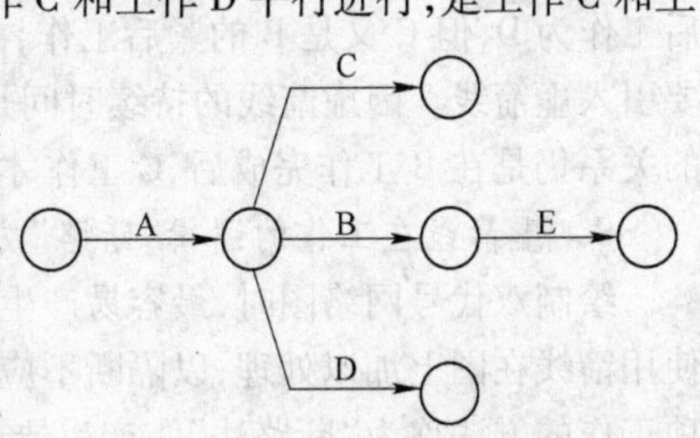

图 4-6　工作的逻辑关系

2、扎筋1→扎筋2等为组织关系。

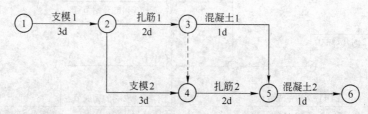

图4-7　某混凝土工程的双代号网络计划

B　各种逻辑关系的正确表示方法

在网络图中,各工作之间的逻辑关系是复杂多样的。表4-1中所列的是网络图中常见的一些逻辑关系及其表示方法。

表4-1　双代号网络图中各种常见的逻辑关系及其表达方式

序号	描　述	表 达 方 法	逻辑关系	
			工作名称	紧前工作
1	A工作完成后,B工作才能开始		B	A
2	A工作完成后,B、C工作才能开始		B C	A A
3	A、B工作完成后,C工作才能开始		C	A,B
4	A、B工作完成后,C、D工作才能开始		C D	A,B A,B
5	A、B工作完成后,C工作才能开始,且B工作完成后,D工作才能开始		C D	A,B B

4.2.2.2　双代号网络图中虚箭线的应用

通过前述各种工作逻辑关系的表示方法,可以清楚地看出,虚箭线不是一项正式的工作,而是在绘制网络图时根据逻辑关系的需要而增设的。虚箭线的作用主要是帮助正确表达各工作间的关系,避免逻辑错误。

A　虚箭线在工作逻辑连接方面的应用

绘制网络图时,经常会遇到表4-1中的第5种情况,B工作结束后可同时进行C、D两项工作,A工作结束后进行C工作。从这四项工作的逻辑关系可以看出,A的紧后工作为C,B的紧后工作为D,但C又是B的紧后工作,为了把B、C两项工作紧前紧后的关系表达出来,这时就需要引入虚箭线。因虚箭线的持续时间是零,虽然B、C间隔有一条虚箭线,又有两个节点,但二者的关系仍是在B工作完成后,C工作才可能开始。

B　虚箭线在工作的逻辑"断路"方面的应用

绘制双代号网络图时,最容易产生的错误是把本来没有逻辑关系的工作联系起来了,就必须使用箭线在图上加以处理,以隔断不应有的工作联系。用虚箭线隔断网络图中无逻辑关系的各项工作的方法称为"断路法"。产生错误的地方总是在同时有多条内向和外向箭线的节点处,画图时应特别注意。

例如,绘制某基础工程的网络图,该基础共四项工作(挖槽、垫层、墙基、回填土),分两段施工,如绘制成图 4-8a 的形式,就出现了表达错误。因为第二施工段的挖槽(即挖槽 2)与第一施工段的墙基(即墙基 1)没有逻辑上的关系(图中用粗线表示),同样第一施工段回填土(回填土 1)与第二施工段垫层(垫层 2)也不存在逻辑上的关系(图中用粗线表示);但在图 4-8a 中却都存在关系,这是网络图中的原则性错误。

为避免上述情况,必须运用断路法,增加虚箭线来加以分隔,使墙基 1 仅为垫层 1 的紧后工作,而与挖槽 2 断路;使回填土 1 仅为墙基 1 的紧后工作,而与垫层 2 断路。正确的网络图应如图 4-8b 所示。

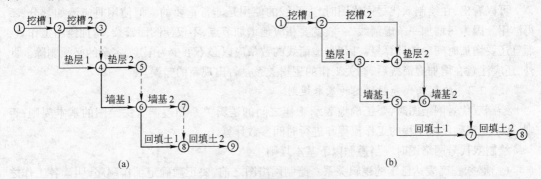

图 4-8 虚箭线的应用之二
(a)错误的逻辑表达;(b)正确的逻辑表达

C 虚箭线在两项或两项以上的工作同时开始和同时完成时的应用

两项或两项以上的工作同时开始和同时完成时,必须引入虚箭线,以免造成混乱。图 4-9a 中,A、B 两项工作的箭线共用①、②两个节点,1—2 代号表示 A 工作、又可表示 B 工作,代号不清,就会在工作中造成混乱;而图 4-9b 中,引进了虚箭线,即图中 2—3,这样 1—2 表示 A 工作,1—3 表示 B 工作,消除了两项工作共用一个双代号的错误现象。

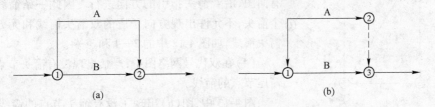

图 4-9 虚箭线的应用之三
(a)错误;(b)正确

D 虚箭线在不同栋号工作之间互相有联系时的应用

在不同栋号之间,施工过程中在某些工作间有联系时,也可引用虚箭线来表示它们的相互关系。例如在两条单独的作业线(两项工程)施工中,绘制网络图时,把两条作业线分别排列在两条水平线上,若两条作业线上某些工作要利用同一台机械或由某一工人班组进行施工时,这些联系就应用虚箭线来表示。

如图 4-10 所示,甲工程的 B 工作需待 A 工作和乙工程的 E 工作完成后才能开始,乙工程的 H 工作需待 G 工作和甲工程的 B 工作完成后才能开始。

上述不同栋号之间的联系,往往是由于劳动力或机具设备上的转移而发生的;在多栋号的建筑群体施工中,这种现象常会出现。

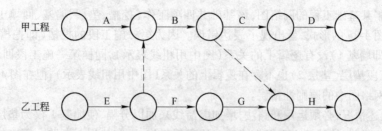

图 4-10　虚箭线的应用之四

可以看出,在绘制双代号网络图时,虚箭线的使用是非常重要的。但使用时应恰如其分,不得滥用。因为每增加一条虚箭线,一般就要相应地增加节点,不仅使图面繁杂,增加绘图工作量,而且还要增加时间参数计算量。因此,虚箭线的数量应以必不可少为限度,多余的必须删除。此外,还应注意在增加虚箭线后,有关工作的逻辑关系是否出现新的错误。

4.2.2.3　绘制双代号网络图的基本规则

绘制双代号网络图时,要正确地表示工作之间的逻辑关系和遵循有关绘图的基本规则;否则,就不能正确反映工程的工作流程和进行时间参数计算。

绘制双代号网络图时应当遵循以下基本规则:

(1)必须正确表达已定的逻辑关系。绘制网络图之前,要正确确定工作顺序,明确各工作之间的衔接关系,根据工作的先后顺序逐步把代表各项工作的箭线连接起来,绘制成网络图。

(2)双代号网络图中,严禁出现循环网络,在网络图中如果从一个节点出发顺着某一线路又能回到原出发点,这种线路就称作循环回路。

例如,图 4-11 中的 2—3—5—2 和 2—4—5—2 就是循环回路,它表示的逻辑关系是错误的,在工艺顺序上是相互矛盾的。

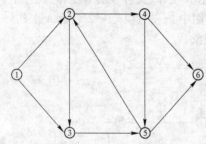

(3)双代号网络图中,在节点之间严禁出现带双向箭头或无箭头的连线。用于表示工程计划的网络图是一种有序有向图,沿着箭头指引的方向进行。因此一条箭线只有一个箭头,不允许出现方向矛盾的双箭头箭线和无方向的无箭头箭线,如图 4-12 中的 2—4 和 3—4。

(4)在双代号网络图中,严禁出现没有箭头节点或没有箭尾节点的箭线。

图 4-13 中,图(a)出现了没有箭头节点的箭线;图(b)出现了没有箭尾节点的箭线,都是不允许的。没有箭头节

图 4-11　网络图中出现循环回路

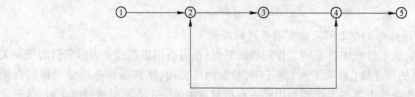

图 4-12　出现双向箭头箭线和无箭头箭线错误的网络图

点的箭线,不能表示它所代表的工作在何处完成;没有箭尾节点的箭线,不能表示它所代表的工作在何时开始。

(5)可应用母线法绘图。当双代号网络图的某些节点有多条内向箭线或多条外向箭线时,

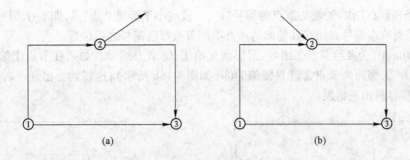

图 4-13 没有箭头节点的箭线和没有箭尾节点的箭线:错误网络图

在不违反"一项工作应只有唯一的一条箭线和相应的一对节点编号"的规定的前提下,可使用母线法绘图。当箭线线型不同时,可在母线上引出的支线上标出。图 4-14 是母线的表示方法。

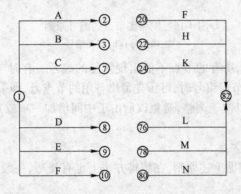

图 4-14 母线的表示方法

(6)交叉箭线的表达。绘制网络图时,箭线不宜交叉;当交叉不可避免时,可用过桥法或指向法。图 4-15 中,(a)为过桥法;(b)为指向法。

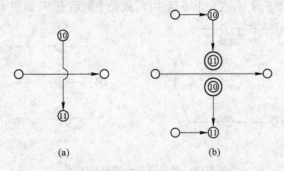

图 4-15 过桥法交叉与指向法交叉

(7)只能有一个起点节点和终点节点。双代号网络图中应只有一个起点节点;在不分期完成任务的网络图中,应只有一个终点节点;而其他所有节点均应是中间节点。

4.2.2.4 网络图的编号

按照各项工作的逻辑顺序将网络图绘成之后,即可进行节点编号。节点编号的目的是赋予每项工作一个代号,并便于对网络图进行时间参数的计算。

A 网络图节点的编号原则

网络图节点编号应遵循以下两条原则:

（1）一条箭线（工作）的箭头节点的编号"i"，一般应小于箭尾节点"j"，即 $i < j$，编号时号码应从小到大，箭头节点编号必须在其前面的所有箭尾节点都已编号之后进行。

如图 4-16a 中，为要给节点③编号，就必须先给①、②节点编号。如果在节点①编号后就给节点③编号为②，那原来节点②就只能编为③（如图 4-16b 所示）；这样就会出现 3-2，即 $i > j$，以后在计算时很容易出现错误。

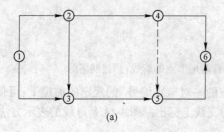 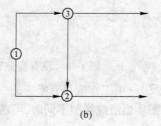

图 4-16 网络图节点的编号原则
(a)正确编号；(b)错误编号

（2）在一个网络计划中，所有的节点不能出现重复的编号。有时考虑到可能在网络图中会增添或改动某些工作，故在节点编号时，可预先留出备用的节点号，即采用不连续编号的方法，如 1,3,5…或 1,5,10…等等，以便于调整，避免以后由于中间增加一项或几项工作而改动整个网络图的节点编号。

B 网络图节点编号的方法

网络图节点编号除应遵循上述原则，在编排方法上也有技巧，一般编号方法有两种，即水平编号法和垂直编号法。

（1）水平编号法。水平编号法就是从起点节点开始由上到下逐行编号，每行则自左到右按顺序编排，如图 4-17a 所示。

（2）垂直编号法。垂直编号法就是从起点节点开始自左到右逐列编号，每列根据编号规则的要求或自上而下，或自下而上，或先上下后中间，或先中间后上下，如图 4-17b 所示。

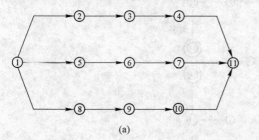 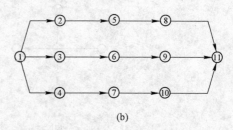

图 4-17 网络图节点的编号方法
(a)水平编号法；(b)垂直编号法

4.2.2.5 网络图的结构

网络计划是用来指导实际工作的，所以网络图除了要符合逻辑外，图面还必须清晰，要进行周密合理的布置。在正式绘制网络图之前，最好先绘成草图，然后再加以整理。

4.2.2.6 工程施工网络计划的排列方法

为了使网络计划更条理化和形象化，在绘制时应根据不同的工程情况，不同的施工组织方法及使用要求等，灵活选用排列方法，以便简化层次，使各工作之间在工艺上及组织上的逻辑关系准确而清晰，便于施工组织者和工人群众掌握，也便于计算和调整。

A 混合排列

这种排列方法可以使图形看起来对称美观,但在同一水平方向既有不同工种的作业,也有不同施工段中的作业。一般用于绘制较简单的网络计划(图4-18)。

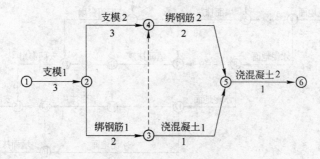

图4-18 混合排列的网络图

B 按流水段排列

这种排列方法把同一施工段的作业排在同一条水平线上,能够反映出工程分段施工的特点,突出表示工作面的利用情况(图4-19)。

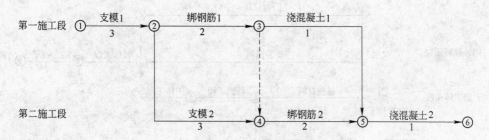

图4-19 按流水段排列的网络图

C 按工种排列

这种排列方法把相同工种的工作排在同一条水平线上,能够突出不同工种的工作情况(图4-20)。

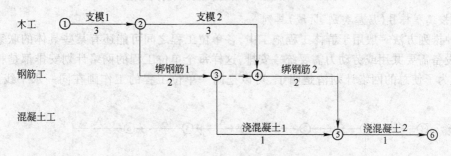

图4-20 按流水段排列的网络图

D 按楼层排列

图4-21是一个一般室内装修工程的三项工作按楼层由上到下进行施工的网络计划。在分段施工中,当若干项工作沿着建筑物的楼层展开时,其网络计划一般都可以按楼层排列。

E 按施工专业或单位排列

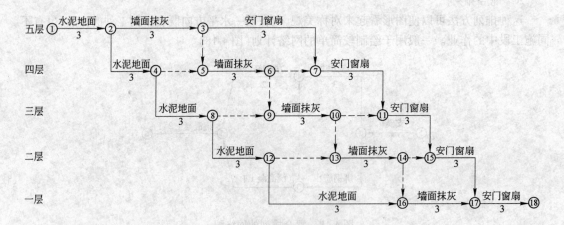

图 4-21 按楼层排列的网络图

在许多施工单位参加完成一项单位工程的施工任务时,为了便于各施工单位对自己承包的部分有更直观的了解,网络计划就可以按施工单位来排列(图 4-22)。

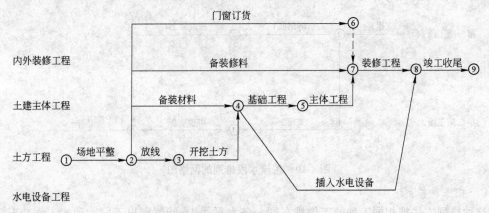

图 4-22 按施工专业或单位排列的网络图

F 按工程栋号(房屋类别、区域)排列

这种排列方法一般用于群体工程施工中,各单位工程之间可能还有某些具体的联系。比如机械设备需要共用或劳动力需要统一安排,这样每个单位工程的网络计划安排都是相互有关系的,为了使总的网络计划清楚明了,可以把同一单位工程的工作画在同一水平线上(图 4-23)。

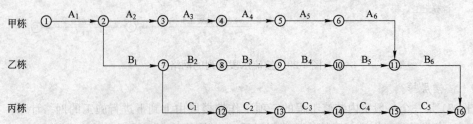

图 4-23 按工程栋号排列的网络图

G 按内外工程排列

在某些工程中,有时也按建筑物的室内工程和室外工程来排列网络计划,即室内外工程或地上地下工程分别集中在不同的水平线上(图4-24)。

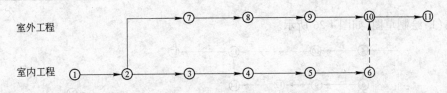

图4-24 网络图节点的编号方法

实际工作中可以按需要灵活选用以上几种网络计划的一种排列方法或把几种方法结合起来使用。网络图的图面布置是很重要的,给施工工地基层人员使用时,图面的布置更为重要,必须把施工过程中的时间与空间的变化反映清楚,要针对不同的使用对象分别采取适宜的排列方式。有许多网络图在逻辑关系上是正确的,但往往因为图面混乱,别人不易看清,导致无法发挥应有的作用。

4.2.2.7 绘图方法

当已知每一项工作的紧前工作时,可按下述步骤绘制双代号网络图:

(1)绘制没有紧前工作的工作箭线,使它们具有相同的开始节点,以保证网络图只有一个起点节点。

(2)依次绘制其他工作箭线。这些工作箭线的绘制条件是其所有紧前工作箭线都已经绘制出来。在绘制这些工作箭线时,应按下列原则进行:

1)当所要绘制的工作只有一项紧前工作时,则将该工作箭线直接画在其紧前工作箭线之后即可。

2)当所要绘制的工作有多项紧前工作时,为了正确表达各工作之间的逻辑关系,先用两条或两条以上的虚箭线把紧前工作引到一起。可以按以下三种情况予以考虑:

①有两项紧前工作时,C 的紧前工作有 A、B,如图 4-25a 所示。

②有三项紧前工作时,D 的紧前工作有 A、B、C,如图 4-25b 所示。

③D 的紧前工作有 A、B,E 的紧前工作有 A、B、C,如图 4-25c 所示。

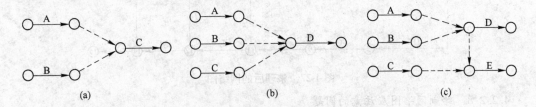

图4-25 有多项紧前工作的虚箭线表示方法

(3)当各项工作箭线都绘制出来之后,应合并那些没有紧后工作的工作箭线的箭头节点,以保证网络图只有一个终点节点(多目标网络计划除外)。

(4)删掉多余的虚箭线。

(5)当确认所绘制的网络图正确后,即可按前述原则和方法进行节点编号。

例4-1 已知各工作之间的逻辑关系如表 4-2 所示,试绘制双代号网络图。

表 4-2 逻辑关系表

工作名称	A	B	C	D	E	F	G	H	I	J	K	L	M	N	P
紧前工作	—	A	A	—	B、C	B、C、D	D	E、F	C	I、H	G、F	K、J	L	L	M、N

解:(1)绘制草图,如图 4-26 所示。

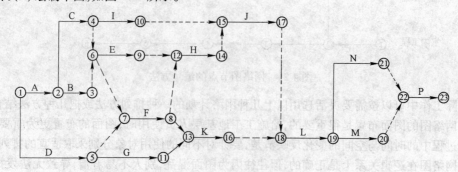

图 4-26 网络图草图

(2)删掉多余的虚箭线。

(3)整理及编号。尽可能用水平线、竖向线表示,如图 4-27 所示。

(4)检查。根据网络图写出各工作的紧前工作,然后与表 4-2 对照是否一致。

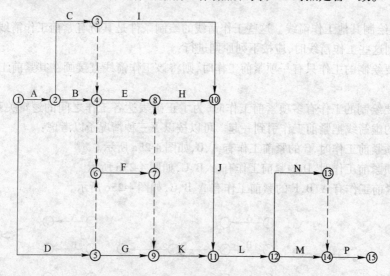

图 4-27 整理后的网络图

4.2.2.8 绘制网络图应注意的问题

(1)层次分明,重点突出。绘制网络计划图时,首先遵循网络图的绘制规则画出一张符合工艺和组织逻辑关系的网络计划草图,然后检查、整理出一幅条理清楚、层次分明、重点突出的网络计划图。

(2)构图形式要简洁、易懂。绘制网络计划图时,通常的箭线应以水平线为主,竖线、折线、斜线为辅,尽量避免用曲线。

(3)正确应用虚箭线。绘制网络图时,正确应用虚箭线可以使网络计划中的逻辑关系更加明确、清楚。它起到"断"和"连"的作用。

4.2.3 双代号网络计划时间参数的计算

网络图时间参数计算的目的在于,确定网络图上各项工作和各个节点的时间参数,为网络计划的优化、调整和执行提供明确的时间概念。网络图时间参数计算的方法有许多种,这里仅对常用的工作计算法、节点计算法、标号法等手算法加以介绍。

4.2.3.1 时间参数的概念及其符号

网络图时间参数计算的内容主要包括:各个节点的最早时间(ET_i)和最迟时间(LT_i);各项工作的最早开始时间(ES_{i-j})、最早完成时间(EF_{i-j})、最迟开始时间(LS_{i-j})和最迟完成时间(LF_{i-j});各项工作的总时差(TF_{i-j})和自由时差(TF_{i-j})等。

A　工作持续时间 D_{i-j}(duration)

工作持续时间是指一项工作从开始到完成的时间,在双代号网络图中工作 $i-j$ 的持续时间用 D_{i-j} 表示。

B　工期 T

工期泛指完成一项任务所需要的时间。在网络计划中,工期一般有以下三种:

(1)计算工期 T_c(calculated project duration),是根据网络计划时间参数计算而得到的工期,用 T_c 表示。

(2)要求工期 T_r(required project duration),是任务委托人提出的指令性工期,用 T_r 表示。

(3)计划工期 T_p(planned project duration),根据要求工期和计算工期所确定的作为实施目标的工期,用 T_p 表示:

1)当已规定了要求工期时,计划工期不应超过要求工期,即 $T_p \leqslant T_r$;

2)当未规定要求工期时,可令计划工期等于计算工期,即 $T_p = T_c$。

C　网络计划节点的两个时间参数

(1)节点最早时间 ET_i(earliest event time),是指在双代号网络计划中,以该节点为开始节点的各项工作的最早开始时间,用 ET_i 表示。

(2)节点最迟时间 LT_i(latest event time),是指在双代号网络计划中,以该节点为完成节点的各项工作的最迟完成时间,用 LT_i 表示。

D　网络计划工作的六个时间参数

(1)最早开始时间 ES_{i-j}(earliest start time),是指在其所有紧前工作全部完成后,本工作有可能开始的最早时刻,用 ES_{i-j} 表示。

(2)最早完成时间 EF_{i-j}(earliest finish time),是指在其所有紧前工作全部完成后,本工作有可能完成的最早时刻,它等于本工作的最早开始时间与其持续时间之和,用 EF_{i-j} 表示。

(3)最迟开始时间 LS_{i-j}(latest start time),是指在不影响整个任务按期完成的前提下,本工作必须开始的最迟时刻,它等于本工作的最迟完成时间与其持续时间之差,用 LS_{i-j} 表示。

(4)最迟完成时间 LF_{i-j}(latest finish time),是指在不影响整个任务按期完成的前提下,本工作必须完成的最迟时刻,用 LF_{i-j} 表示。

(5)总时差 TF_{i-j}(total float),是指在不影响总工期的前提下,本工作可以利用的机动时间,即由于工作最迟完成时间与最早开始时间之差大于工作持续时间而产生的机动时间,用 TF_{i-j} 表示。利用这段时间延长工作的持续时间或推迟其开工时间,不会影响计划的总工期。

工作总时差还具有这样一个特点,就是它不仅属于本工作,而且与前后工作都有密切的关系,也就是说它为一条或一段线路共有。前一工作动用了工作总时差,其紧后工作的总时差将变为原总时差与已动用总时差的差值。

（6）自由时差 FF_{i-j}（free float）是指在不影响其紧后工作最早开始时间的前提下，本工作可以利用的机动时间，用 FF_{i-j} 表示。即工作可以在该时间范围内自由地延长或推迟作业时间，不会影响其紧后工作的开工。工作自由时差为工作总时差的一部分，如图 4-28 所示。某项工作的自由时差只属于该工作本身所有，与同一条线路上的其他工作无关。

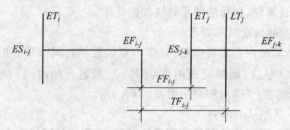

图 4-28　FF 与 TF 相互关系图

为了简化计算，网络计划时间参数中的开始时间和完成时间都应以时间单位的终了时刻为标准。如第 3 天开始即是指第 3 天终了（下班）时刻开始，实际是第 4 天上班时刻才开始；第 5 天完成即是指第 5 天终了（下班）时刻完成。

4.2.3.2　时间参数的工作计算法

所谓按工作计算法，就是以网络计划中的工作为对象，直接计算各项工作的六项时间参数以及网络计划的计算工期。计算时，虚工作必须视同工作进行计算，其持续时间为零。各项工作时间参数的计算结果应标注在箭线之上，如图 4-29 所示。

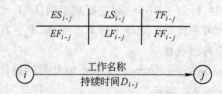

图 4-29　工作计算法的参数标注

下面以图 4-30 所示双代号网络计划为例，说明按工作计算法计算时间参数的过程。

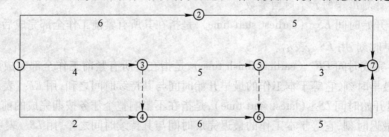

图 4-30　双代号网络计划

A　计算工作的最早开始时间和最早完成时间

工作最早开始时间和最早完成时间的计算应从网络计划的起点节点开始，顺着箭线方向依次进行。其计算步骤如下所述。

a　工作的最早开始时间

（1）以网络计划起点节点为开始节点的工作，当未规定其最早开始时间时，其最早开始时间为零。例如在本例中，工作 1—2、工作 1—3 和工作 1—4 的最早开始时间都为零。

（2）其他工作的最早开始时间,应等于其紧前工作(包括虚工作)最早完成时间的最大值,如式(4-1)所示。

$$ES_{i-j} = \max\{EF_{h-i}\} \tag{4-1}$$

式中　ES_{i-j}——工作 $i-j$ 的最早完成时间;

　　EF_{h-i}——工作 $i-j$ 的紧前工作 $h-i$ 最早完成时间。

例如在本例中,工作 3—5、工作 4—6 的最早开始时间分别为:

$$ES_{3-5} = EF_{1-3} = 4 \qquad ES_{4-6} = \max\{EF_{3-4}, EF_{1-4}\} = \max\{4,2\} = 4$$

b　工作的最早完成时间

最早完成时间对各项工作而言,都是根据其定义、利用公式(4-2)进行计算:

$$EF_{i-j} = ES_{i-j} + D_{i-j} \tag{4-2}$$

式中　EF_{i-j}——工作 $i-j$ 的最早完成时间;

　　ES_{i-j}——工作 $i-j$ 的最早开始时间;

　　D_{i-j}——工作 $i-j$ 的持续时间。

例如在本例中,工作 1—2、工作 3—5 的最早完成时间分别为:

$$EF_{1-2} = ES_{1-2} + D_{1-2} = 0 + 6 = 6; EF_{3-5} = ES_{3-5} + D_{3-5} = 4 + 5 = 9$$

B　网络计划的计算工期和计划工期

网络计划的计算工期,应等于以网络计划终点节点为完成节点的工作的最早完成时间的最大值,如式(4-3)所示:

$$T_c = \max\{EF_{i-n}\} \tag{4-3}$$

式中　T_c——网络计划的计算工期;

　　EF_{i-n}——以网络计划终点节点 n 为完成节点的工作 $i-n$ 的最早完成时间。

在本例中,网络计划的计算工期为

$$T_c = \max\{EF_{2-7}, EF_{3-7}, EF_{6-7}\} = \max\{11,12,15\} = 15$$

在本例中,假设未规定要求工期,则其计划工期就等于计算工期。即 $T_p = T_c = 15$。

计划工期应标注在网络计划终点节点的右上方,如图 4-33 所示。

C　计算工作的最迟完成时间和最迟开始时间

工作最迟完成时间和最迟开始时间的计算应从网络计划的终点节点开始,逆着箭线方向依次进行。其计算步骤如下。

a　最迟完成时间

（1）以网络计划终点节点为完成节点的工作,其最迟完成时间等于网络计划的计划工期,如式(4-4)所示:

$$LF_{i-n} = T_p \tag{4-4}$$

式中　LF_{i-n}——以网络计划终点节点 n 为完成节点的工作的最迟完成时间;

　　　　T_p——网络计划的计划工期。

例如在本例中,工作 2—7、工作 5—7 和工作 6—7 的最迟完成时间为:

$$LF_{2-7} = LF_{5-7} = LF_{6-7} = T_P = 15$$

（2）其他工作的最迟完成时间,应等于其紧后工作(包括虚工作)最迟开始时间的最小值,如式(4-5)所示:

$$LF_{i-j} = \min\{LS_{j-k}\} \tag{4-5}$$

式中　LF_{i-j}——工作 $i-j$ 的最迟完成时间;

　　LS_{j-k}——工作 $i-j$ 的紧后前工作 $j-k$ 最迟开始时间。

例如在本例中,工作 3—5 和工作 4—6 的最迟完成时间分别为:

$$LF_{3-5} = \min\{LS_{5-7}, LS_{5-6}\} = \min\{12, 10\} = 10 \quad LF_{4-6} = \min\{LS_{6-7}\} = 10$$

b 最迟开始时间

最早开始时间对各项工作而言,都是根据其定义、利用公式(4-6)进行计算:

$$LS_{i-j} = LF_{i-j} - D_{i-j} \tag{4-6}$$

式中　LS_{i-j}——工作 $i-j$ 的最迟开始时间;

　　　LF_{i-j}——工作 $i-j$ 的最迟完成时间;

　　　D_{i-j}——工作 $i-j$ 的持续时间。

例如在本例中,工作 2—7、工作 5—7 最迟开始时间为:

$$LS_{2-7} = LF_{2-7} - D_{2-7} = 15 - 5 = 10; LS_{5-7} = LF_{5-7} - D_{5-7} = 15 - 3 = 12$$

D 计算工作的总时差

根据定义,工作的总时差等于该工作最迟完成时间与最早完成时间之差,或该工作最迟开始时间与最早开始时间之差,如式(4-7)所示:

$$TF_{i-j} = LF_{i-j} - EF_{i-j} = LS_{i-j} - ES_{i-j} \tag{4-7}$$

式中　TF_{i-j}——工作 $i-j$ 的总时差;

其余符号同前。

例如在本例中,工作 3—5 的总时差为:

$$TF_{3-5} = LF_{3-5} - EF_{3-5} = 10 - 9 = 1 \text{ 或 } TF_{3-5} = LS_{3-5} - ES_{3-5} = 5 - 4 = 1$$

通过计算不难看出总时差有如下特性:

(1)凡是总时差为最小的工作就是关键工作,由关键工作连接构成的线路为关键线路,关键线路上各工作时间之和即为总工期。如图 4-33 中,工作 1—3、4—6、6—7 为关键工作,线路①—③—④—⑥—⑦为关键线路。

(2)当网络计划的计划工期等于计算工期时,凡总时差大于零的工作为非关键工作,凡是具有非关键工作的线路即为非关键线路。

(3)总时差的使用具有双重性。它既可以被该工作使用,但又属于某非关键线路所共有。当某项工作使用了全部或部分总时差时,则将引起通过该工作的线路上所有工作总时差重新分配。如图 4-31 所示,非关键线路 1—2—7 中,$TF_{1-2} = 4d$,$TF_{2-7} = 4d$,如果工作 1—2 使用了 3d 机动时间,则工作 2—7 就只有 1d 总时差可利用。

E 计算工作的自由时差

根据参数的定义,工作自由时差的计算应按以下两种情况分别考虑:

(1)对于有紧后工作的工作,其自由时差等于本工作的紧后工作最早开始时间减本工作最早完成时间所得之差,如式(4-8)所示:

$$FF_{i-j} = ES_{j-k} - EF_{i-j} \tag{4-8}$$

式中　FF_{i-j}——工作 $i-j$ 的自由时差;

　　　ES_{j-k}——工作 $i-j$ 的紧后前工作 $j-k$ 最早开始时间;

　　　EF_{i-j}——工作 $i-j$ 的最早完成时间。

例如在本例中,工作 1—4 和工作 5—6 的自由时差分别为:

$$FF_{1-4} = ES_{4-6} - EF_{1-4} = 4 - 2 = 2; FF_{5-6} = ES_{6-7} - EF_{5-6} = 10 - 9 = 1$$

(2)对于无紧后工作的工作,也就是以网络计划终点节点为完成节点的工作,其自由时差等于计划工期与本工作最早完成时间之差,如式(4-9)所示:

$$FF_{i-n} = T_p - EF_{i-n} \tag{4-9}$$

式中　FF_{i-n}——以网络计划终点节点 n 为完成节点的工作 $i-n$ 的自由时差;

T_p——网络计划的计划工期;

EF_{i-n}——以网络计划终点节点 n 为完成节点的工作 $i-n$ 的最早完成时间。

例如在本例中,工作 2—7、工作 5—7 的自由时差分别为:

$$FF_{2-7} = T_p - EF_{2-7} = 15 - 11 = 4 ; FF_{5-7} = T_p - EF_{5-7} = 15 - 12 = 3$$

通过计算可知自由时差有如下特性:

自由时差为某非关键工作独立使用的机动时间,利用自由时差,不会影响其紧后工作的最早开始时间。如图 4-31 中,工作 1—4 有 2d 自由时差,如果使用了 2d 机动时间,也不影响紧后 4—6 的最早开始时间。

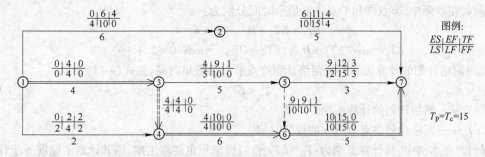

图 4-31　双代号网络计划(六时标注法)

此外,非关键工作的自由时差必小于或等于其总时差。

需要指出的是,对于网络计划中以终点节点为完成节点的工作,其自由时差与总时差相等;由于工作的自由时差是其总时差的构成部分,所以当工作的总时差为零时,其自由时差必然为零,可不必进行专门计算。如图 4-31 所示,工作 1—3 和工作 6—7 的总时差全部为零,故其自由时差也全部为零。

F　确定关键工作和关键线路

在网络计划中,总时差最小的工作为关键工作。特别地,当网络计划的计划工期等于计算工期时,总时差为零的工作就是关键工作。例如在本例中,工作 1—3、工作 4—6 和工作 6—7 的总时差均为零,故它们都是关键工作。

找出关键工作之后,将这些关键工作首尾相连,便至少构成一条从起点节点到终点节点的通路,通路上各项工作持续时间总和最大的就是关键线路,其上各项工作的持续时间总和应等于网络计划的计算工期。关键线路上可能有虚工作存在。

关键线路一般用粗箭线或双线箭线标出,也可用彩色箭线标出。例如在本例中,线路①—③—④—⑥—⑦即为关键线路。

上述计算结果如图 4-31 所示。

4.2.3.3　时间参数的节点计算法

所谓按节点计算法,就是先计算网络计划中各个节点的最早时间和最迟时间,然后再据此计算各项工作的时间参数和网络计划的计算工期。

仍以图 4-30 所示双代号网络计划为例,说明按节点计算法计算时间参数的过程。

A　计算节点的最早时间和最迟时间

a　计算节点的最早时间

节点最早时间的计算应从网络计划的起点节点开始,顺着箭线方向(从左向右)依次进行。其计算步骤如下:

(1)网络计划起点节点,如未规定最早时间时,其值等于零。在本例中,起点节点①的最早时间为零,即: $ET_1 = 0$

(2)其他节点的最早时间应按式(4-10)进行计算:

$$ET_j = \max\{ET_i + D_{i-j}\} \tag{4-10}$$

式中　ET_j——工作 $i-j$ 的完成节点 j 的最早时间;

$\quad\quad ET_i$——工作 $i-j$ 的开始节点 i 的最早时间;

$\quad\quad D_{i-j}$——工作 $i-j$ 的持续时间。

即节点 j 的最早时间等于紧前节点的最早时间加上本工作的持续时间后取其中的最大值。归纳为"顺着箭线相加,逢箭头相碰的节点取最大值"。

例如在本例中,节点③和节点④的最早时间分别为:

$$ET_3 = ET_1 + D_{1-3} = 0 + 4 = 4$$

$$ET_4 = \max\{ET_1 + D_{1-4}, ET_3 + D_{3-4}\} = \max\{0 + 2, 4 + 0\} = 4$$

(3)网络计划的计算工期等于网络计划终点节点的最早时间,如式(4-11)所示:

$$T_c = ET_n \tag{4-11}$$

式中　T_c——网络计划的计算工期;

$\quad\quad ET_n$——网络计划终点节点 n 的最早时间。

例如,在本例中,其计算工期为: $T_c = ET_7 = 15$;设未规定要求工期,则其计划工期就等于计算工期,即 $T_p = T_c = 15$ 。计划工期应标注在终点节点的右上方,如图4-34所示。

b　计算节点的最迟时间

节点最迟时间的计算应从网络计划的终点节点开始,逆着箭线方向(从右向左)依次进行。其计算步骤如下:

(1)网络计划终点节点的最迟时间等于网络计划的计划工期,如式(4-12)所示:

$$LT_n = T_p \tag{4-12}$$

式中　LT_n——网络计划终点节点 n 的最早时间;

$\quad\quad T_p$——网络计划的计划工期。

如在本例中,终点节点⑦的最迟时间为 $LT_7 = T_p = 15$

(2)其他节点的最迟时间应按式(4-13)进行计算:

$$LT_i = \min\{LT_j - D_{i-j}\} \tag{4-13}$$

式中　LT_i——工作 $i-j$ 的开始节点 i 的最迟时间;

$\quad\quad LT_j$——工作 $i-j$ 的完成节点 j 的最迟时间;

$\quad\quad D_{i-j}$——工作 $i-j$ 的持续时间。

即节点 i 的最迟时间等于紧后节点的最迟时间减去本工作的持续时间后取其中的最小值。归纳为"逆着箭线相减,逢箭尾相碰的节点取最小值"。在本例中,节点⑥和节点⑤的最迟时间分别为 $LT_6 = LT_7 - D_{6-7} = 15 - 5 = 10$ 。

上述计算结果如图4-32所示。

B　根据节点的最早时间和最迟时间判定工作的六个时间参数

节点时间参数计算完后,就可以根据节点时间判定工作的六个时间参数。

(1)工作的最早开始时间等于该工作开始节点的最早时间,如式(4-14)所示:

$$ES_{ij} = ET_i \tag{4-14}$$

例如在本例中,工作1—2和工作2—7的最早开始时间分别为:

$$ES_{12} = ET_1 = 0; ES_{27} = ET_2 = 6$$

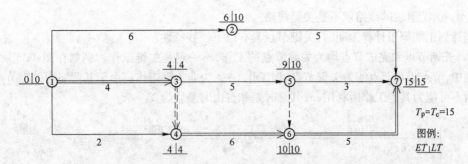

图 4-32　双代号网络计划(按节点计算法)

(2)工作的最早完成时间等于该工作开始节点的最早时间与其持续时间之和,如式(4-15)所示:

$$EF_{ij} = ET_i + D_{ij} \tag{4-15}$$

例如在本例中,工作 1—2 和工作 2—7 的最早完成时间分别为:

$$EF_{12} = 0 + 6 = 6 ; EF_{27} = 6 + 5 = 11$$

(3)工作的最迟开始时间等于该工作完成节点的最迟时间,如式(4-16)所示:

$$LF_{ij} = LT_j \tag{4-16}$$

例如在本例中,工作 1—2 和工作 2—7 的最迟完成时间分别为:

$$LF_{12} = LT_2 = 10 ; LF_{27} = LT_7 = 15$$

(4)工作的最迟开始时间等于该工作完成节点的最迟时间与其持续时间之差,如式(4-17)所示:

$$LS_{ij} = LT_j - D_{ij} \tag{4-17}$$

例如在本例中,工作 1—2 和工作 2—7 的最迟开始时间分别为:

$$LS_{12} = LT_2 - D_{12} = 10 - 6 = 4 ; LS_{27} = LT_7 - D_{27} = 15 - 5 = 10$$

(5)工作的总时差可根据式(4-7)、式(4-15)和式(4-16)得到式(4-18):

$$TF_{ij} = LF_{ij} - EF_{ij} = LT_j - (ET_i + D_{ij}) = LT_j - ET_i - D_{ij} \tag{4-18}$$

由式(4-18)可知,工作的总时差等于该工作完成节点的最迟时间减去该工作开始节点的最早时间所得差值再减其持续时间。

例如在本例中,工作 1—2 和工作 3—5 的总时差分别为:

$$TF_{12} = LT_2 - ET_1 - D_{12} = 10 - 0 - 6 = 4 ; TF_{35} = LT_5 - ET_3 - D_{35} = 10 - 4 - 5 = 1$$

(6)工作的自由时差可根据式(4-8)和式(4-14)得到式(4-19):

$$FF_{ij} = ES_{jk} - ES_{ij} - D_{ij} = ET_j - ET_i - D_{ij} \tag{4-19}$$

由式(4-19)可知,工作的自由时差等于该工作完成节点的最早时间减去该工作开始节点的最早时间所得差再减其持续时间。

例如在本例中,工作 1—2 和工作 3—5 的自由时差分别为:

$$FF_{12} = ET_2 - ET_1 - D_{12} = 6 - 0 - 6 = 0 ; FF_{35} = ET_5 - ET_3 - D_{35} = 9 - 4 - 5 = 0$$

C　关键节点及其特性

在双代号网络计划中,关键线路上的节点称为关键节点,其最迟时间与最早时间的差值最小;特别地,当网络计划的计划工期等于计算工期时,关键节点的最早时间与最迟时间必然相等。例如在本例中,节点①、③、④、⑥、⑦就是关键节点。

关键节点必然处在关键线路上,但由关键节点组成的线路不一定是关键线路;即关键工作两端的节点必为关键节点,但两端为关键节点的工作不一定是关键工作。例如在本例中,由关键节点①、④、⑥、⑦组成的线路就不是关键线路。

当计划工期等于计算工期时,关键节点具有以下一些特性:

(1)开始节点和完成节点均为关键节点的工作,不一定是关键工作。例如在图4-33所示网络计划中,节点①和节点④为关键节点,但工作1—4为非关键工作。由于其两端为关键节点,机动时间不可能为其他工作所利用,故其总时差和自由时差均为2。

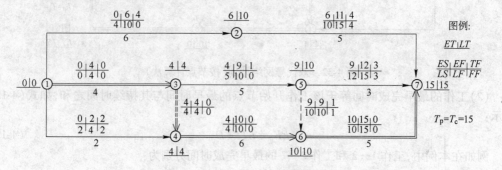

图4-33　双代号网络计划时间参数计算

(2)以关键节点为完成节点的工作,其总时差和自由时差必然相等。例如在图4-33所示网络计划中,工作1—4的总时差和自由时差均为2;工作2－7的总时差和自由时差均为4;工作5—7的总时差和自由时差均为3。

(3)当两个关键节点间有多项工作,且工作间的非关键节点无其他内向箭线和外向箭线时,则两个关键节点间各项工作的总时差均相等。在这些工作中,除以关键节点为完成节点的工作自由时差等于总时差外,其余工作的自由时差均为零。例如在图4-33所示网络计划中,工作1—2和工作2—7的总时差均为4;工作2—7的自由时差等于总时差,而工作1—2的自由时差为零。

(4)当两个关键节点间有多项工作,且工作间的非关键节点有外向箭线而无其他内向箭线时,则两个关键节点间各项工作的总时差不一定相等。在这些工作中,除以关键节点为完成节点的工作自由时差等于总时差外,其余工作的自由时差均为零。例如在图4-33所示网络计划中,工作3—5和工作5—7的总时差分别为1和3;工作5—7的自由时差等于总时差,而工作3—5的自由时差为零。

D　确定关键线路和关键工作

当利用关键节点判别关键线路和关键工作时,还要满足式(4-20)或式(4-21):

$$ET_i + D_{i-j} = ET_j \tag{4-20}$$

$$LT_i + D_{i-j} = LT_j \tag{4-21}$$

式中　ET_i——工作$i-j$的开始节点(关键节点)i的最早时间;

D_{i-j}——工作$i-j$的持续时间;

ET_j——工作$i-j$的完成节点(关键节点)j的最早时间;

LT_i——工作$i-j$的开始节点(关键节点)i的最迟时间;

LT_j——工作$i-j$的完成节点(关键节点)j的最迟时间。

如果两个关键节点之间的工作符合上述判别式,则该工作必然为关键工作,它应该在关键线路上。否则,该工作就不是关键工作,关键线路也就不会从此处通过。例如在本例中,工作1—3、虚工作3—4、工作4—6和工作6—7均符合上述判别式。故线路①—③—④—⑥—⑦为关键线路。

上述计算结果如图4-33所示。

4.2.3.4 标号法

标号法是一种快速寻求网络计划计算工期和关键线路的方法。

它利用按节点计算法的基本原理,对网络计划中的每一个节点进行编号,然后利用标号值确定网络计划的计算工期和关键线路。下面以图4-34所示网络计划为例,说明标号法的计算过程。

(1)网络起点节点的标号值为零。例如在本例中,节点①的标号值为零,即 $b_1 = 0$。

(2)其他节点的标号值应根据式(4-22),按节点编号从小到大的顺序逐个进行计算:

$$b_j = \max\{b_i + D_{i-j}\} \tag{4-22}$$

式中 b_j——工作 $i-j$ 的完成节点 j 的标号值;

b_i——工作 $i-j$ 的开始节点 i 的标号值;

D_{i-j}——工作 $i-j$ 的持续时间。

在本例中,各节点的标号值为

$$b_2 = b_1 + D_{1-2} = 0 + 4 = 4; b_3 = \max\{b_1 + D_{1-3}, b_2\} = \max\{0 + 3, 4\} = 4$$

同理可得其他各节点的标号值,如图4-34所示。

当计算出节点的标号值后,应该用标号值及其源节点对该节点进行双标号。所谓源节点,就是用来确定本节点标号值的节点。例如在本例中,节点③的标号值4由节点②确定,故节点③的源节点就是节点②。如果源节点有多个,应将所有源节点标出。

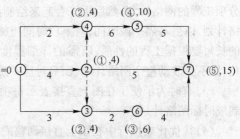

图4-34 双代号网络计划(标号法)

(3)网络计划的计算工期就是网络计划终点节点的标号值。例如在本例中,其计算工期就等于终点节点⑦的标号值15。

(4)关键线路应从网络计划的终点节点开始,逆着箭线方向按源节点确定。例如在本例中,从终点节点⑦开始,逆着箭线方向按源节点可以找出关键线路为①—②—④—⑤—⑦。

4.2.4 双代号时标网络计划

4.2.4.1 概述

双代号时标网络计划是以时间坐标为尺度编制的双代号网络计划,简称时标网络计划。

A 时标网络计划的时标计划表

时标网络计划是绘制在时标计划表上的。时标的时间单位是根据需要,在编制时标网络计划之前确定的,可以是小时、天、周、旬、月或季等。时间可标注在时标计划表顶部,也可以标注在底部,必要时还可在顶部或底部同时标注。时标的长度单位必须注明,必要时可在顶部时标之上或底部时标之下加注日历的对应时间。表4-3是时标计划表的表达形式,其中"日历"行可根据实际需要进行取舍。

表4-3 时标计划表

日 历 (时间单位)	1	2	3	4	5	6	7	8	9	10	11	12	13	14	15	16	17
网络计划																	
(时间单位)	1	2	3	4	5	6	7	8	9	10	11	12	13	14	15	16	17

B　时标网络计划的基本符号

时标网络计划的工作,以实箭线表示;自由时差以波形线表示,虚工作以虚箭线表示。当实箭线之后有波形线且其末端有垂直部分时,其垂直部分用实线绘制;当虚箭线有时差且其末端有垂直部分时,其垂直部分用虚线绘制。

C　时标网络计划的特点

时标网络计划与无时标网络计划相比较,有以下特点:

(1)使用方便。主要时间参数一目了然,具有横道计划的优点。

(2)绘图比较麻烦。由于箭线长短受时标的制约,修改工作持续时间时必须重新绘图。

(3)计算量较小。时标网络计划绘图时可以不进行计算,因而可大大节省计算量。只有在图上没有直接表示出来的时间参数(总时差、最迟开始时间及完成时间等),才需进行计算。

D　时标网络计划的适用范围

(1)编制工作项目较少、且工艺过程较简单的建筑施工计划,能迅速边绘、边算、边调整。

(2)对于大型复杂的工程(特别是不使用计算机时),可先用时标网络图的形式绘制各分部分项工程的网络计划,然后再综合起来绘制出较简明的总网络计划;也可先编制一个总的施工网络计划,以后每隔一段时间,对下段时间应施工的工程区段绘制详细的时标网络计划。时间间隔的长短要根据工程的性质、所需的详细程度和工程的复杂性决定。执行过程中,如果时间有变化,则不必改动整个网络计划,而只对这一阶段的时标网络计划进行修订。

(3)有时为了便于在图上直接表示每项工作的进程,可将已编制并计算好的网络计划再复制成时标网络计划。

(4)待优化或执行中在图上直接调整的网络计划。

(5)年、季、月等周期性网络计划。

4.2.4.2　双代号时标网络计划图的绘图方法

A　绘图的基本要求

时间长度是以所有符号在时标表上的水平位置及其水平投影长度表示的,与其所代表的时间值相对应;节点的中心必须对准时标的刻度线;虚工作必须以垂直虚箭线表示,有时差时加波形线表示;时标网络计划宜按最早时间编制;时标网络计划编制前,应先绘制无时标网络计划。

B　时标网络计划图的绘制

(1)绘制方法。时标网络计划图的绘制有两种方法:先计算无时标网络计划的时间参数,再按该计划在时标表上进行绘制;不计算时间参数,直接根据无时标网络计划在时标表上进行绘制。

(2)"先算后绘法"的绘图步骤。绘制时标计划表;计算每项工作的最早开始时间和最早完成时间;将每项工作的箭尾节点按最早开始时间定位在时标计划表上,其布局应与不带时标的网络计划基本相当,然后编号;用实线绘制出工作持续时间,用虚线绘制无时差的虚工作(垂直方向),用波形线绘制工作和虚工作的自由时差。

例 4-2　将图 4-35 按"先算后绘法"绘制成时标网络计划。

解:首先,按节点计算法计算各节点时间,如图 4-35 所示;

接下来,按上述步骤绘制完成网络计划,如图 4-36 所示。

(3)不经计算,直接按无时标网络计划编制时标网络计划的步骤。

仍以图 4-35 为例,其步骤如下:

绘制时标计划表;

将起点节点定位在时标计划表的起始刻度线上,如图 4-36 所示的节点①;

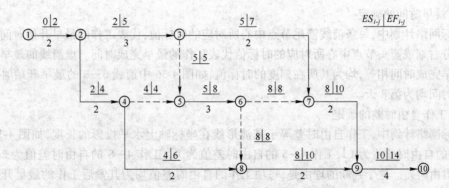

图 4-35 无时标网络计划

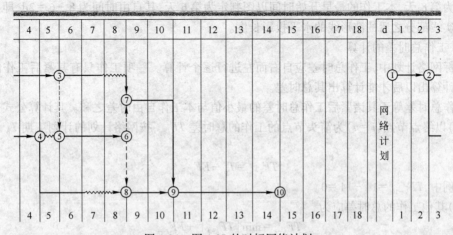

图 4-36 图 4-35 的时标网络计划

按工作持续时间在时标表上绘制起点节点的外向箭线,见图 4-36 中的 1—2;

工作的箭头节点,必须在其所有内向箭线绘出以后,定位在这些内向箭线中最晚完成的实箭线箭头处,如图 4-36 中的节点⑤、⑦、⑧、⑨;

某些内向实箭线长度不足以到达该箭头节点时,用波形线补足,如图 4-36 中的 3—7、4—8;

如果虚箭线的开始节点和结束节点之间有水平距离时,以波形线补足,如箭线 4—5;

如果没有水平距离,绘制垂直虚箭线,如 3—5、6—7、6—8;

用上述方法自左向右依次确定其他节点的位置,直至终点节点定位,绘图完成;

注意确定节点的位置时,尽量与无时标网络图的节点位置相当,保持布局基本不变;

给每个节点编号,编号与无时标网络计划相同。

4.2.4.3 双代号时标网络计划关键线路和时间参数的确定

A 时标网络计划关键线路的确定与表达方式

自终点节点至起点节点逆箭线方向朝起点观察,自始至终不出现波形线的线路,为关键线路。如图 4-36 中的 1—2—3—5—6—7—9—10 线路和 1—2—3—5—6—8—9—10。

关键线路的表达与无时标网络计划相同,用粗线、双线和彩色线标注均可。

B 时间参数的确定

a "计算工期"的确定

时标网络计划的"计算工期",应是其终点节点与起点节点所在位置的时标值之差,如图 4-36 所示的时标网络计划的计算工期是 14 −0 =14d。

b 最早时间的确定

时标网络计划中,每条箭线箭尾节点中心所对应的时标值,代表工作的最早开始时间。箭线实线部分右端或箭头节点中心所对应的时标值代表工作的最早完成时间。虚箭线的最早开始时间和最早完成时间相等,均为其所在刻度的时标值,如图 4-36 中箭线 6—8 的最早开始时间和最早结束时间均为第 8 天。

c 工作自由时差的确定

时标网络计划中,工作自由时差等于其波形线在坐标轴上水平投影的长度,如图 4-36 中工作 3—7 的自由时差值为 1d,工作 4—5 的自由时差值为 1d,工作 4—8 的自由时差值为 2d,其他工作无自由时差。这个判断的理由是,每项工作的自由时差值均为其紧后工作的最早开始时间与本工作的最早完成时间之差。如图 4-36 中的工作 4—8,其紧后工作 8—9 的最早完成时间以图判定为第 8 天,本工作的最早开始时间以图判定为第 6 天,其自由时间为 8 − 6 = 2d,即为图上该工作实线部分之后的波形线的水平投影长度。

d 工作总时差的计算

时标网络计划中,工作总时差应自右而左进行逐个计算。一项工作只有其紧后工作的总时差全部计算出以后才能计算出其总时差。

工作总时差等于其诸紧后工作总时差的最小值与本工作自由时差之和。其计算公式是:

(1)以终点节点($j = n$)为箭头节点的工作的总时差 TF_{i-j},按网络计划的计划工期 T_p 计算确定,即

$$TF_{i-n} = T_p - EF_{i-n} \tag{4-23}$$

本例中,$TF_{9-10} = 14 - 14 = 0$。

(2)其他工作的总时差应为

$$TF_{i-j} = \min\{TF_{j-k}\} + FF_{i-j} \tag{4-24}$$

本例中,$TF_{7-9} = 0 - 0 = 0, TF_{3-7} = 0 + 1 = 1, TF_{2-4} = \min\{2, 1\} + 0 = 1$

以此类推,可计算出全部工作的总时差值,如图 4-36 所示。

e 工作最迟时间的计算

在最早开始时间 ES、最早结束时间 EF、总时差 TF 均已计算出后,工作的最迟时间可按式 (4-25)、式(4-26)进行计算:

$$LS_{i-j} = ES_{i-j} + TF_{i-j} \tag{4-25}$$

$$LF_{i-j} = EF_{i-j} + TF_{i-j} \tag{4-26}$$

本例中,工作 2—4 的最迟时间为

$$LS_{2-4} = ES_{2-4} + TF_{2-4} = 2 + 1 = 3; LF_{2-4} = EF_{2-4} + TF_{2-4} = 4 + 1 = 5。$$

4.3 单代号网络图

在双代号网络计划中,为了正确地表达网络计划中各项工作(活动)间的逻辑关系,引入了虚工作这一概念。在绘制和计算过程中可以明显看到,虚工作的存在不仅使图形变得复杂,增大了绘制难度,同时也增大了计算工作量。因此,人们在使用双代号网络图来表示一项计划的同时,也设计了第二种网络图——单代号网络图,以解决双代号网络图的上述缺点。

4.3.1 单代号网络图的绘制

4.3.1.1 绘图符号

单代号网络图又称节点式网络图,它是以节点及其编号表示工作,箭线表示工作之间的逻辑

关系。

通常用一个圆圈或方框代表一项工作,至于圆圈或方框内的内容(项目)可以根据实际需要来填写和列出。一般将工作的名称、编号填写在圆圈或方框的上半部分;完成工作所需要的时间写在圆圈或方框的下半部分,如图 4-37 所示。

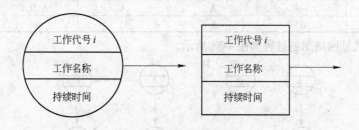

图 4-37　单代号网络图工作的表示方法

4.3.1.2　单代号网络图工作间逻辑关系的表示方法

单代号网络图工作间逻辑关系的表示方法见表 4-4。

表 4-4　单代号网络图工作间逻辑关系表示方法

描　述	图　示	描　述	图　示
A 工作完成后进行 B 工作	A → B	B 工作完成后,D、C 工作可以同时开始	B → D, C
B、C 工作完成后进行 D 工作	B, C → D	A 工作完成后进行 C 工作,B 工作完成后同时进行 C、D 工作	A, B → C, D

4.3.1.3　绘图规则

同绘制双代号网络图一样,绘制单代号网络图也必须遵循一定的绘图规则:

(1)单代号网络图必须正确表述已定的逻辑关系。

(2)单代号网络图中,严禁出现循环回路。

(3)单代号网络图中,严禁出现双向箭头或无箭头的连线。

(4)在网络图中除起点节点和终点节点外,不允许出现其他没有内向箭线的工作节点和没有外向箭线的工作节点。

(5)绘制网络图时,箭线不宜交叉;当交叉不可避免时,可采用过桥法和指向法绘制。

(6)单代号网络图只应有一个起点节点和一个终点节点;当网络图中有多项起点节点或多项终点节点时,应在网络图的两端分别设置一项虚工作,作为该网络图的起点节点(St)和终点节点(Fin)。这是单代号网络图所特有的。

(7)单代号网络图中不允许出现有重复编号的工作,一个编号只能代表一项工作。

(8)网络图的编号应是箭头节点编号大于箭尾节点编号,即紧前工作的编号一定小于紧后工作的编号。

4.3.1.4　单代号网络图的绘制

单代号网络图的绘制步骤与双代号网络图的绘制步骤基本相同,主要包括两部分:

(1)列出工作一览表及各工作的紧前、紧后工作名称。根据工程计划中各工作在工艺、组织上的逻辑关系来确定其紧前、紧后工作名称。

(2)根据上述关系绘制网络图。首先绘制草图,然后对一些不必要的交叉进行整理,绘出简化网络图,接着完成编号工作。

例 4-3　已知各工作间的逻辑关系如表 4-5 所示,绘制其单代号网络图。

表 4-5　工作间逻辑关系

工　作	A	B	C	D	E
紧前工作	—	A	A	A、B、C	C、D
工作时间	5	8	15	15	10

解:绘制单代号网络图的过程如图 4-38 所示。

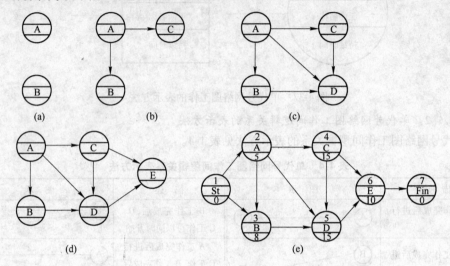

图 4-38　例 4-3 绘图过程

4.3.2　单代号网络图时间参数的计算

单代号网络图中节点即为工作,因而单代号网络图只有工作基本时间参数和工作机动时间参数,各参数含义与双代号网络图相同。

单代号网络图时间参数的手工计算方法,基本与双代号网络时间参数的工作计算法相同,其计算结果在图上的标注方式如图 4-39 所示。

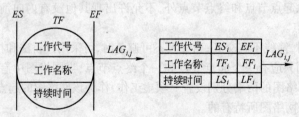

图 4-39　时间参数的标注方式

以例 4-3 所示单代号网络为例来说明具体计算步骤。

4.3.2.1　计算工作的最早开始时间和最早完成时间

工作最早开始时间和最早完成时间的计算应从网络计划的起点节点开始,顺着箭线方向按节点编号依从小到大的顺序依次进行。其计算步骤如下所述。

A　工作的最早开始时间

a　起点节点工作

当起点节点的最早开始时间无特别规定时,其值取为零,即作为网络计划起始时刻的相对坐标原点。

b 其他工作

一项工作的最早开始时间取决于其紧前工作的完成时间。当一项工作只有一个紧前工作,其最早开始时间就是该紧前工作的最早完成时间;当一项工作有多个紧前工作时,它的最早开始时间等于其紧前工作的最早完成时间的最大值。其公式表达如下:

(1)j 工作只有一个紧前工作时:

$$ES_j = EF_i \tag{4-27}$$

式中 EF_i——工作 i 的最早完成时间;

ES_j——j 的最早开始时间。

(2)j 工作有多个紧前工作时:

$$ES_j = \max\{EF_i\} \quad (i < j) \tag{4-28}$$

B 工作的最早完成时间

一项工作的最早完成时间应等于本工作的最早开始时间与其持续时间之和,即:

$$EF_j = ES_j + D_j \tag{4-29}$$

式中 D_j——工作 j 的持续时间。

如在本例中,起点节点 St 所代表的工作(虚拟工作)的最早开始时间 $ES_1 = 0$,最早完成时间 $EF_1 = ES_1 + D_1 = 0 + 0 = 0$;

工作 A 的最早开始时间为 $ES_2 = EF_1 = 0$,最早完成时间为 $EF_2 = ES_2 + D_2 = 0 + 5 = 5$;

工作 C 的最早开始时间 $ES_4 = EF_2 = 5$,最早完成时间为 $EF_4 = ES_4 + D_4 = 5 + 15 = 20$;

工作 B 的最早开始时间为 $ES_3 = \max\{EF_1, EF_2\} = \max\{0, 5\} = 5$,最早完成时间为 $EF_3 = ES_3 + D_3 = 5 + 8 = 13$;

工作 D 的最早开始时间为 $ES_5 = \max\{EF_2, EF_3, EF_4\} = \max\{5, 13, 20\} = 20$,最早完成时间为 $EF_5 = ES_5 + D_5 = 20 + 15 = 35$;

工作 E 的最早开始时间为 $ES_6 = \max\{EF_4, EF_5\} = \max\{20, 35\} = 35$,最早完成时间为 $EF_6 = ES_6 + D_6 = 35 + 10 = 45$。

结束工作 Fin 的最早开始时间、最早完成时间分别为 $ES_7 = EF_6 = 45$,$EF_7 = ES_7 + D_7 = 45 + 0 = 45$。上述计算结果见图 4-40。

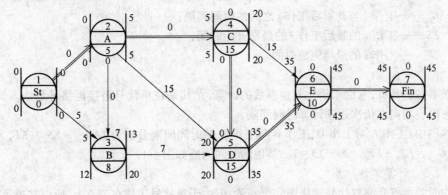

图 4-40 单代号网络计划时间参数计算

4.3.2.2　网络计划的计算工期和计划工期

单代号网络计划的计算工期 T_c 等于其终点节点所代表的工作的最早完成时间 EF_n。在本例中,其计算工期为 $T_c = EF_7 = 45$;未规定要求工期时,计划工期 T_p 同计算工期,即 $T_p = T_c = 45$。

4.3.2.3　计算工作的最迟完成时间和最迟开始时间

工作最迟完成时间和最迟开始时间的计算应从网络计划的终点节点开始,逆着箭线方向按节点编号从大到小的顺序依次进行。

A　最迟完成时间

a　终点节点工作

网络计划终点节点 n 所代表的工作的最迟完成时间 LF_n,等于该网络的计划工期 T_p,即:

$$LF_n = T_p \qquad (4\text{-}30)$$

本例中,终点节点⑦所代表的工作 Fin(虚工作)的最迟完成时间为 $LF_7 = T_p = 45$。

b　其他工作

其他工作的最迟完成时间 LF_i,等于各紧后工作最迟开始时间 LS_j 中的最小值,即:

$$LF_i = \min\{LS_j\} \qquad (4\text{-}31)$$

式中　LF_i——工作 i 的最迟完成时间;

LS_j——工作 i 的紧后工作 j 的最迟开始时间。

在本例中,工作 C 和工作 A 的最迟开始时间分别为:$LF_4 = \min\{LS_5 \setminus LS_6\} = \min\{20,35\} = 20$,$LF_2 = \min\{LS_3, LS_4, LS_5\} = \min\{12,5,20\} = 5$。

B　工作的最迟开始时间 LS_i

工作的最迟开始时间 LS_i,等于本工作的最迟完成时间 LF_i 与其持续时间 D_i 之差,即:

$$LS_i = LF_i - D_i \qquad (4\text{-}32)$$

在本例中,工作 Fin 和工作 C 的最迟开始时间分别为 $LS_7 = LF_7 - D_7 = 45 - 0 = 0$;$LS_4 = LF_4 - D_4 = 20 - 15 = 5$。

4.3.2.4　计算相邻两项工作之间的时间间隔

A　含义

相邻两项工作之间的时间间隔,用 $LAG_{i,j}$ 表示,是指其紧后工作的最早开始时间与本工作最早完成时间的差值,即:

$$LAG_{i,j} = ES_j - EF_i \qquad (4\text{-}33)$$

式中　$LAG_{i,j}$——工作 i 与其紧后工作 j 之间的时间间隔;

ES_j——工作 i 的紧后工作 j 的最早开始时间;

EF_i——工作 i 的最早完成时间。

B　作用

这项参数的计算,有助于简化其他参数的计算,尤其是在单代号搭接网络计划中。计算时,逆箭线方向自右向左依次逐项计算时间间隔。

在本例中,工作 A 与工作 D、工作 B 与工作 D 的时间间隔分别为 $LAG_{2,5} = ES_5 - EF_2 = 20 - 5 = 15$;$LAG_{3,5} = ES_5 - EF_3 = 20 - 13 = 7$。其他的时间间隔如图 4-40 所示。

4.3.2.5　计算工作时差

工作时差的概念与双代号网络图完全一致;但由于单代号工作在节点上,所以其表示符号和计算有所不同。

A　计算工作的总时差

工作总时差的计算应从网络计划的终点节点开始,逆着箭线方向按节点编号从大到小的顺序依次进行。

a 终点节点工作的总时差

网络计划终点节点 n 所代表的工作的总时差应等于计划工期与计算工期之差,即:

$$TF_n = T_p - T_c \tag{4-34}$$

当计划工期等于计算工期时,该工作的总时差为零。例如在本例中,终点节点⑦所代表的工作 Fin(虚拟工作)的总时差为 $TF = 0$。

b 其他工作的总时差

在工作的四项基本参数 ES、EF、LS、LF 都计算得出后,总时差可按其基本含义计算,这与双代号网络计划的原理是一样的。

对于已计算了时间间隔的单代号网络计划,其他工作的总时差可简化为,本工作与其各紧后工作之间的时间间隔加该紧后工作的总时差所得之和的最小值,即按公式(4-35)计算:

$$TF_i = \min\{LAG_{i,j} + TF_j\} \tag{4-35}$$

式中 TF_i——工作 i 的总时差;

$LAG_{i,j}$——工作 i 与其紧后工作 j 之间的时间间隔;

TF_j——工作 i 的紧后工作 j 的总时差。

在本例中,工作 A 的总时差为:$TF_2 = \min\{LAG_{2,4} + TF_4, LAG_{2,3} + TF_3, LAG_{2,5} + TF_5\} = \min\{0+0, 0+7, 15+0\} = 0$。其他工作的总时差见图 4-40。

需要指出的是,在总时差计算后,可方便地完成工作最迟时间的计算。具体为:

工作的最迟完成时间等于本工作的最早完成时间与其总时差之和,即:

$$LF_i = EF_i + TF_i \tag{4-36}$$

而工作的最迟开始时间等于本工作的最早开始时间与其总时差之和,即:

$$LS_i = ES_i + TF_i \tag{4-37}$$

在本例中,工作 A 和工作 B 的最迟完成时间分别为 $LF_2 = EF_2 + TF_2 = 5 + 0 = 5$,$LF_3 = EF_3 + TF_3 = 13 + 7 = 20$;工作 A 和工作 B 的最迟开始时间分别为 $LS_2 = ES_2 + TF_2 = 0 + 0 = 0$,$LS_3 = ES_3 + TF_3 = 5 + 7 = 12$。其他工作的最迟完成时间和最迟开始时间见图 4-40。

B 计算工作的自由时差

a 终点节点工作的自由时差

网络计划终点节点 n 所代表工作的自由时差,等于计划工期与本工作的最早完成时间之差,按公式(4-38)计算:

$$FF_n = T_p - EF_n \tag{4-38}$$

式中 FF_n——终点节点 n 所代表的工作的自由时差;

T_p——网络计划的计划工期;

EF_n——终点节点 n 所代表的工作的最早完成时间(即计算工期)。

例如在本例中,终点节点⑦所代表的工作 Fin(虚拟工作)的自由时差为:

$$FF_7 = T_p - EF_7 = 45 - 45 = 0$$

b 其他工作的自由时差

其他工作的自由时差等于本工作与其紧后工作之间时间间隔的最小值,即:

$$FF_i = \min\{LAG_{i-j}\} \tag{4-39}$$

例如在本例中,工作 A、B 的自由时差为:

$$FF_2 = \min\{LAG_{2,4}, LAG_{2,3}, LAG_{2,5}\} = \min\{0, 0, 15\} = 0$$

$$FF_3 = \min\{LAG_{3,5}\} = \min\{7\} = 7$$

其他工作的自由时差见图 4-40。

4.3.2.6　确定网络计划的关键线路

关键工作的概念及其确定均同双代号网络计划。对于关键线路,在单代号网络中可表述为"从起点节点到终点节点均为关键工作、且所有工作时间间隔均为零的线路",或者"将关键工作相连、并保证相邻两项关键工作之间的时间间隔为零而构成的线路",或者"从网络计划的终点节点开始,逆着箭线方向依次找出相邻两项工作之间时间间隔为零的线路",在网络图上应用粗线、双线或彩色线标注。

在本例中,由于工作 A、工作 C、工作 D 和工作 F 的总时差均为零,故它们为关键工作。由网络计划的起点节点①和终点节点⑦与上述四项关键工作组成的线路上,相邻两项工作之间的时间间隔全部为零,故线路①—②—④—⑤—⑥—⑦为关键线路,在图中以双线标注。

4.3.3　单代号搭接网络计划

4.3.3.1　基本概念

在前面所述的双代号、单代号网络计划中,工作之间的关系都是前面工作完成之后,后面工作才能开始的这样一种顺序衔接关系,属于一般网络计划的正常连接关系。但在工程建设实践中,为了加快进度、尽快完工,在工作面允许的情况下,常常将许多工作安排成平行搭接方式进行,即紧前工作开始一段时间后就进行本工作。这种在实践中大量存在的平行搭接关系,如采用一般网络描述,则必须将所搭接工作从搭接处划分为两项工作,将搭接关系转换为顺序衔接关系。这样划分后的工作若用双代号网络图表示,需要五个工作;用单代号网络图表示,需要四个工作,如图 4-41 所示。

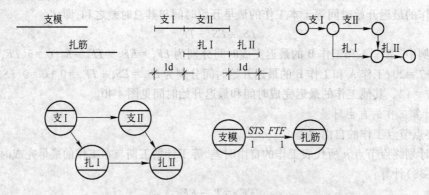

图 4-41　搭接网络表示法

显然,如果用前述简单的一般网络来表达工作之间的搭接关系,将使得网络计划变得复杂。当搭接工作数目较多时,将会增加许多网络图的绘制和计算工作量。为了简单、直接地表达工作之间的搭接关系,使网络计划的编制得到简化,便出现了搭接网络计划。

搭接网络计划是用搭接关系与时距表示紧邻工作之间逻辑关系的一种网络计划,表示比较简明、使用也较普遍的是单代号搭接网络,即以节点表示工作,以节点之间的箭线表示工作之间的逻辑顺序和搭接关系。

4.3.3.2　搭接关系的种类及表达方式

A　结束到开始(FTS)的搭接关系

它是指相邻两工作,前项工作 i 结束后,经过时间间隔 $FTS_{i,j}$——称为时距 $FTS_{i,j}$,后面工作才能开始的搭接关系。例如在修堤坝时,一定要等土堤自然沉降后才能修护坡,筑土堤与修护坡之间的等待时间就是 *FTS* 时距。其在网络计划中的表达方式如图 4-42 所示。

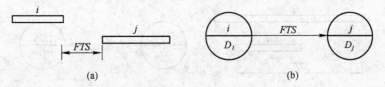

图 4-42 *FTS* 搭接关系及其在网络计划中的表达方式
(a)*FTS* 搭接关系;(b)网络计划中的表达方式

FTS 时距为零,说明本工作与其紧后工作紧密衔接。当网络计划中所有相邻工作只有 *FTS* 一种搭接关系且其时距为零时,整个搭接网络计划就是前述的一般单代号网络计划。

B　开始到开始(*STS*)的搭接关系

它是指相邻两工作,前项工作 i 开始后,经过时距 $STS_{i,j}$,后面工作才能开始的搭接关系。例如在道路工程中,当路基铺设工作开始一段工作为路面浇筑工作创造一定条件之后,路面浇筑工作即可开始,路基铺设工作的开始时间与路面浇筑工作的开始时间之间的差值就是 *STS* 时距。其在网络计划中的表达方式如图 4-43 所示。

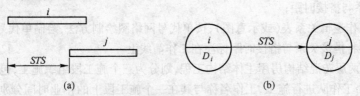

图 4-43 *STS* 搭接关系及其在网络计划中的表达方式
(a)*STS* 搭接关系;(b)网络计划中的表达方式

C　结束到结束(*FTF*)的搭接关系

它是指相邻两工作,前项工作 i 结束后,经过时距 $FTF_{i,j}$,后面工作才能结束的搭接关系。例如在前述道路工程中,如果路基铺设工作的进展速度小于路面浇筑工作的进展速度时,须考虑为路面浇筑工作留有充分的工作面,否则路面浇筑工作就将因没有工作面而无法进行,路基铺设工作的完成时间与路面浇筑工作的完成时间之间的差值就是 *FTF* 时距。其在网络计划中的表达方式如图 4-44 所示。

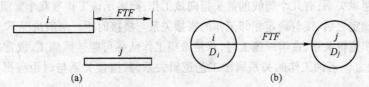

图 4-44 *FTF* 搭接关系及其在网络计划中的表达方式
(a)*FTF* 搭接关系;(b)网络计划中的表达方式

D　开始到结束(*STF*)的搭接关系

它是指相邻两工作,前项工作 i 开始后,经过时距 $STF_{i,j}$,后面工作才能结束的搭接关系。例如挖掘有部分地下水的基础,地下水位以上的部分基础可以在降低地下水位开始之前就进行开挖,而在地下水位以下的部分基础则必须在降低地下水位以后才能开始。这就是说,降低地下水位的完成与何时挖地下水位以下的部分基础有关,而降低地下水位何时开始则与挖土的开始无直接关系。若设挖地下水位以上的基础土方需要 10d,则挖土方开始与降低水位的完成之间的

搭接关系即为 *STF*,其时距是 10d。其在网络计划中的表达方式如图 4-45 所示。

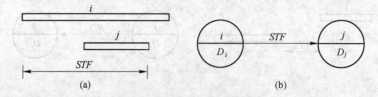

图 4-45   *STF* 搭接关系及其在网络计划中的表达方式

(a)*STF* 搭接关系;(b)网络计划中的表达方式

E   混合的搭接关系

在搭接网络计划中,除上述四种基本搭接关系外,相邻两项工作之间还会同时出现两种以上的基本搭接关系。

4.3.3.3   单代号搭接网络图的绘制

单代号搭接网络图的绘制与单代号网络图的绘制方法基本相同,主要包括三部分:

(1)根据工作的工艺逻辑关系与组织逻辑关系绘制工作逻辑关系表(或示意图),确定相邻工作的搭接关系与搭接时距;

(2)根据工作逻辑关系表(或示意图),按单代号网络图绘制方法,绘制单代号网络图;

(3)最后再将搭接关系与搭接时距标注在工作箭线上。

例 4-4   某两层砖混结构房屋主体结构工程,划分为三个施工段组织施工,包括五项工作,每个工作安排一个工作队进行施工,工作名称与其在一个施工段上的作业时间分别为:砌砖墙 4d,支梁、板、楼梯模板 3d,绑扎梁、板、楼梯钢筋 2d,浇筑梁、板、楼梯混凝土 1d,安装楼板及灌缝 2d。且已知浇筑混凝土后至少需要养护 1d,才允许安装楼板。为了缩短工期允许绑扎钢筋与支模板平行搭接施工。试绘制单代号搭接网络图。

解:(1)绘制工作逻辑关系表(或示意图)。根据题意,主体结构工程工艺逻辑关系为:砌砖墙→支模→绑扎钢筋→浇筑混凝土→安装楼板及灌缝;每个工作由一个工作队进行施工,则各工作的组织逻辑关系为:一层 I 段→一层 II 段→一层 III 段→二层 I 段→二层 II 段→……。综合此两类关系即可得此两层砖混结构房屋主体结构工程工作逻辑关系示意图,见图 4-46。图中一、二代表楼层,I、II、III 代表施工段,I/一表示第一层第一段等;纵向箭线表示工作逻辑关系,横向箭线表示组织逻辑关系;有几个箭线的箭头指向该工作,则表示该工作有几个紧前工作。

逻辑关系确定之后,接着确定相邻工作的搭接关系与搭接时距。一般情况下,若两工作的逻辑关系属于组织逻辑关系,在组织施工时,总是希望工作队尽可能连续施工,故常采用 *FTS* 搭接关系,最小时距为 0;若两工作的关系属于工艺逻辑关系,其搭接关系与时距应视具体施工工艺要求而定。

例如,砌砖墙与支模板两工作,由于混凝土梁底面要求在同一标高上,因而在一个施工段范围内,砖墙砌完后必须经过抄平,才能在其上支模板,即支模板需在砌砖墙结束后才能开始,二者之间属于 *FTS* 搭接关系,最小时距为 0;又如,根据题意允许绑扎钢筋与支模板平行搭接施工,但绑扎钢筋必须在支模板进行一段时间以后开始,且在支模板结束之后结束,因此,支模板与绑扎钢筋可采用 *STS* 与 *FTF* 两种搭接关系进行双向控制,时距可取 1d,如图 4-47 所示。

根据逻辑关系示意图及工作间的搭接关系与时距,可编制逻辑关系表;或直接将搭接关系与时距标注在图 4-46 上,构成搭接网络工作逻辑关系示意图,如图 4-48 所示。

(2)根据工作逻辑关系表(示意图),按单代号网络图的绘制规则绘制单代号网络图;如图

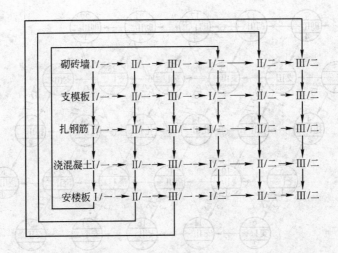

图 4-46 工作逻辑关系示意图

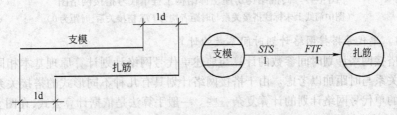

图 4-47 支模板与绑扎钢筋双向控制

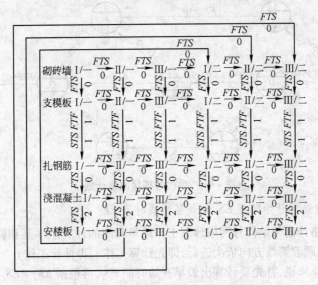

图 4-48 搭接网络工作逻辑关系示意图

4-49所示。当采用工作逻辑关系示意图时,亦可以只将示意图中工作名称处换成单代号网络图的工作符号,即得单代号搭接网络图。此法更简捷。

(3)在绘好的网络图上标注搭接关系、时距与作业时间,增加虚工作起始节点和结束节点,并进行编号。

图 4-49 即为最后完成的两层砖混结构房屋主体结构工程单代号搭接网络图。

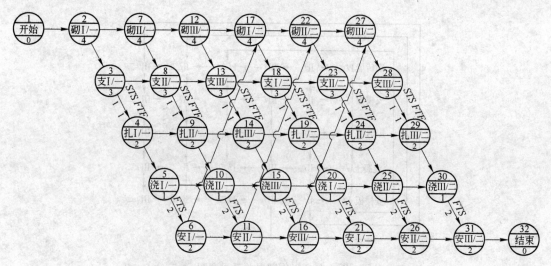

图 4-49　砖混结构房屋主体结构工程单代号搭接网络图

（图中箭线上未标注搭接关系与时距者均为 *FTS* 搭接关系, 时距为 0）

4.3.3.4　单代号搭接网络计划时间参数的计算

单代号搭接网络计划时间参数的计算与前述单代号网络计划计算原理基本相同, 区别在于需要将搭接关系与时距加以考虑。由于搭接网络计划具有几种不同形式的搭接关系, 所以其计算也较前述的单代号网络计划的计算复杂一些。一般手算法是依据计算公式, 在图上进行计算。以图 4-50 所示单代号搭接网络图说明其参数的计算步骤。

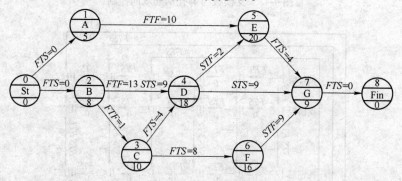

图 4-50　单代号搭接网络计划

A　计算工作的最早开始时间 ES_i 和最早完成时间 EF_i

单代号搭接网络计划与单代号网络计划工作最早时间的计算顺序是相同的, 都是从网络计划的起始工作开始, 顺着箭线方向依次进行, 即先计算工作 i, 再计算工作 j。

对于任一项工作来说, 首先要计算出最早开始时间 ES_i, 再根据 $EF_i = ES_i + D_i$ 得出最早完成时间 EF_i。

a　起点节点工作

在单代号搭接网络计划中的起点节点一般都代表虚拟工作, 其最早开始时间和最早完成时间均为零, 即 $ES_s = 0$, $EF_s = ES_s + 0 = 0$。

b　其他工作

在搭接网络计划中, 一项工作的最早开始时间和最早完成时间的计算次序和计算公式, 取决于该工作与紧前工作之间搭接关系的类型和时距。

(a)相邻时距为 FTS 时,

$$ES_j = EF_i + FTS_{i,j} \qquad (4\text{-}40a)$$

(b)相邻时距为 STS 时,

$$ES_j = ES_i + STS_{i,j} \qquad (4\text{-}40b)$$

(c)相邻时距为 FTF 时,

$$EF_j = EF_i + FTF_{i,j}; ES_j = EF_j - D_j \qquad (4\text{-}40c)$$

(d)相邻时距为 STF 时,

$$EF_j = ES_i + STF_{i,j}; ES_j = EF_j - D_j \qquad (4\text{-}40d)$$

当一项工作有多个紧前工作或搭接关系时,应按照该工作与每个紧前工作的搭接关系分别依照式(4-40a~b)计算 ES_j,取其最大值作为该工作的最早开始时间,即

$$ES_j = \max\{ES_j\} \qquad (4\text{-}41)$$

以上各式中 ES_i——工作 i 的最早开始时间;

$\quad\quad\quad ES_j$——工作 i 紧后工作 j 的最早开始时间;

$\quad\quad\quad EF_i$——工作 i 的最早完成时间;

$\quad\quad\quad EF_j$——工作 i 紧后工作 j 的最早完成时间;

$\quad\quad\quad D_j$——工作 j 的持续时间;

$\quad\quad\quad FTS_{i,j}$——工作 i 与工作 j 之间完成到开始的时距;

$\quad\quad\quad STS_{i,j}$——工作 i 与工作 j 之间开始到开始的时距;

$\quad\quad\quad FTF_{i,j}$——工作 i 与工作 j 之间完成到完成的时距;

$\quad\quad\quad STF_{i,j}$——工作 i 与工作 j 之间开始到完成的时距。

在本例中,时间参数计算如下:

(1)工作 A 的最早开始时间根据式(4-40a)得 $ES_1 = ES_{St} + FTS_{St,1} = 0 + 0 = 0$,其最早完成时间为 $EF_1 = ES_{St} + D_1 = 0 + 5 = 5$;同理得工作 B 的最早开始时间 $ES_2 = 0$,最早完成时间 $EF_2 = 8$。

(2)工作 C 的最早开始时间根据式(4-40c)得 $EF_3 = EF_2 + FTF_{2,3} = 8 + 1 = 9$,$ES_3 = EF_3 - D_3$ $= 9 - 10 = -1$;工作 C 的最早开始时间出现负值(-1),其含义表示工作 C 在整个工程开工前 1d 已经开始进行,显然是不合理的。产生此现象的原因是工作 C 与紧前工作 B 的搭接关系 FTF 只控制了它的结束时间 EF_3,未控制它的开始时间 ES_3。所以必须从开始工作到工作 C 增加一个虚箭线,如图 4-53 所示,限定工作 C 必须在开始工作之后进行,取搭接关系为 FTS,时距为 0。这样就限定了工作 C 的最早开始时间必须从两个紧前工作(开始工作与 C 工作)计算的 ES_3 中取大值。

重新计算工作 C 的最早开始时间和最早完成时间得 $ES_3 = \max\{-1,0\} = 0$,$EF_3 = ES_3 + D_3$ $= 0 + 10 = 10$。

(3)工作 D 不仅同时有两项紧前工作 B 和 C,而且在该工作与其紧前工作 B 之间存在着两种搭接关系;应根据工作 D 与工作 B 和工作 C 之间的搭接关系分别计算其最早开始时间,然后从中取最大值。

首先,根据工作 D 与工作 C 之间的 FTS 搭接关系,由式(4-40a)得 $ES_4 = EF_3 + FTS_{3,4} = 10 + 4$ $= 14$;其次,根据工作 D 与工作 B 之间的 STS 及 FTF 搭接关系,由式(4-40b)及式(4-40c)分别得 $ES_4 = ES_2 + STS_{2,4} = 0 + 5 = 5$,$EF_4 = EF_2 + FTF_{2,4} = 8 + 13 = 21$、$ES_4 = EF_4 - D_4 = 21 - 18 = 3$。从上述三个计算结果中取最大值,则工作 D 的最早开始时间由式(4-41)得 $ES_4 = \max\{14,5,3\} = 14$;进而工作 D 的最早完成时间为 $EF_4 = ES_4 + D_4 = 14 + 18 = 32$。

（4）工作 E 同时有两项紧前工作 A 和 D，应根据工作 E 与工作 A 和工作 D 之间的搭接关系分别计算其最早开始时间，然后从中取最大值。

首先，根据工作 E 与工作 A 之间的 FTF 搭接关系，由式（4-40c）得 $EF_5 = EF_1 + FTF_{1,5} = 5 + 10 = 15$，$ES_5 = EF_5 - D_5 = 15 - 20 = -5$；其次，根据工作 E 与工作 D 之间的 STF 搭接关系，由式（4-40d）得 $EF_5 = ES_4 + STF_{4,5} = 14 + 2 = 16$，$ES_5 = EF_5 - D_5 = 16 - 20 = -4$。

上述两个计算结果均为负值，必须从开始工作到工作 E 增加一个虚箭线，搭接关系为 FTS，时距为 0，如图 4-53 所示，则工作 E 的最早开始时间由式（4-41）得 $ES_5 = \max\{-4, -5, 0\} = 0$；因此工作 E 的最早完成时间为 $EF_5 = ES_5 + D_5 = 0 + 20 = 20$。

（5）工作 F 的最早开始时间根据式（4-40a）得 $ES_6 = EF_3 + FTS_{3,6} = 10 + 8 = 18$，其最早完成时间 $EF_6 = ES_6 + D_6 = 18 + 16 = 34$。

（6）工作 G 同时有三项紧前工作 D、E 和 F，应根据工作 G 与其之间的搭接关系分别计算后从中取最大值。

首先，根据工作 G 与工作 E 之间的 FTS 搭接关系，由式（4-40a）得 $ES_7 = EF_5 + FTS_{5,7} = 20 + 4 = 24$；其次，根据工作 G 与工作 D 之间的 STS 搭接关系，由式（4-40b）得 $ES_7 = ES_4 + STS_{4,7} = 14 + 9 = 23$；再次，根据工作 G 与工作 F 之间的 STF 搭接关系，由式（4-40c）得 $EF_7 = ES_6 + STF_{4,7} = 18 + 9 = 27$，$ES_7 = EF_7 - D_7 = 27 - 9 = 16$。从上述三个计算结果中取最大值，则工作 G 的最早开始时间由式（4-41）得 $ES_7 = \max\{24, 23, 16\} = 24$。

工作 G 的最早完成时间为 $EF_7 = ES_7 + D_7 = 24 + 9 = 33$。

c　终点节点工作

在单代号搭接网络计划中，终点节点一般都表示虚拟工作，作业持续时间为零。其最早完成时间与最早开始时间相等，且一般为网络计划的计算工期。在本例中终点节点 F 的紧前工作只有 G，且为 FTS 搭接，时距为 0，因此 $ES_8 = EF_7 + FTS_{7,8} = 33 + 0 = 33$，$EF_8 = ES_8 + D_8 = 33 + 0 = 33$。

对于前面讲过的一般网络计划，其计算到此即可确定出工程的计算工期为 33d。但对于搭接网络计划，由于其存在着比较复杂的搭接关系，在确定计算工期之前要对各节点的最早完成时间进行检查，确保其小于终点节点的最早完成时间。

如所有节点的最早完成时间小于终点节点的最早完成时间，就取终点节点的最早完成时间为计算工期。

如某些节点的最早完成时间大于终点节点的最早完成时间，则取所有大于终点节点最早完成时间的节点最早完成时间的最大值作为整个网络计划的计算工期，并在此节点到终点节点之间增加一条虚箭线。

在本例中，通过检查可看出，工作 F 的最早可能结束时间为第 34 天，而终点节点的最早可能结束时间为 33d。产生工作 F 滞后结束的原因是：F 工作与其紧后工作 G 的搭接关系 STF，只限定了工作 F 的最早可能开始时间 ES_6 在工作 G 的最早可能结束时间 EF_7 之前 9 天开始，而其最早可能结束时间并未受到任何条件限制。因而，当 $ES_6 + D_6 > ES_8$ 时，就产生了工作 F 在终点节点之后才能完成的现象。所以需增加一个从工作 F 到终点节点之间的虚箭线，控制工作 F 必须在终点节点开始之前结束，取搭接关系为 FTS，时距为 0，如图 4-53 所示。这样，$ES_8 = \max\{33, 34\} = 34$，$EF_8 = ES_8 + D_8 = 34 + 0 = 34$。

工作最早开始时间和最早完成时间的计算结果如图 4-51 所示。该网络计算工期为 34d。

B　计算相邻两项工作之间的时间间隔

由于相邻两项工作之间的搭接关系不同，其时间间隔的计算方法也有所不同。

a　搭接关系为结束到开始（FTS）时的时间间隔

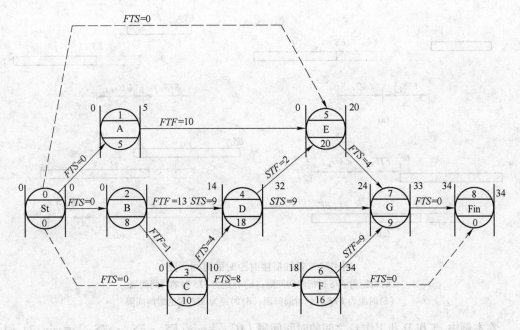

图 4-51　单代号搭接网络计划中 ES 和 EF 的计算结果

如果在搭接网络计划中出现 $ES_j > (EF_i + FTS_{i,j})$ 的情况时,如图 4-52a 所示,说明在工作 i 和工作 j 之间存在时间间隔 $LAG_{i,j}$ 为:

$$LAG_{i,j} = ES_j - (EF_i + FTS_{i,j}) = ES_j - EF_i - FTS_{i,j} \qquad (4\text{-}42a)$$

　　b　搭接关系为开始到开始(STS)时的时间间隔

如果在搭接网络计划中出现 $ES_j > (ES_i + STS_{i,j})$ 的情况时,如图 4-52b 所示,说明在工作 i 和工作 j 之间存在时间间隔 $LAG_{i,j}$ 为:

$$LAG_{i,j} = ES_j - (ES_i + STS_{i,j}) = ES_j - ES_i - STS_{i,j} \qquad (4\text{-}42b)$$

　　c　搭接关系为结束到结束(FTF)时的时间间隔

如果在搭接网络计划中出现 $EF_j > (EF_i + FTF_{i,j})$ 的情况时,如图 4-52c 所示,说明在工作 i 和工作 j 之间存在时间间隔 $LAG_{i,j}$ 为:

$$LAG_{i,j} = EF_j - (EF_i + FTF_{i,j}) = EF_j - EF_i - FTF_{i,j} \qquad (4\text{-}42c)$$

　　d　搭接关系为开始到结束(STF)时的时间间隔

如果在搭接网络计划中出现 $EF_j > (ES_i + STF_{i,j})$ 的情况时,如图 4-52d 所示,说明在工作 i 和工作 j 之间存在时间间隔 $LAG_{i,j}$ 为:

$$LAG_{i,j} = EF_j - (ES_i + ST_{i,j}) = EF_j - ES_i - STF_{i,j} \qquad (4\text{-}42d)$$

　　e　混合搭接关系时的时间间隔

当相邻两项工作之间存在两种以上时距及搭接关系时,应分别计算出时间间隔,然后取其中的最小值,即:

$$LAG_{i,j} = \min \begin{cases} ES_j - EF_i - FTS_{i,j} \\ ES_j - ES_i - STS_{i,j} \\ EF_j - EF_i - FTF_{i,j} \\ EF_j - ES_i - STF_{i,j} \end{cases} \qquad (4\text{-}43)$$

以上各式中的符号含义同前。

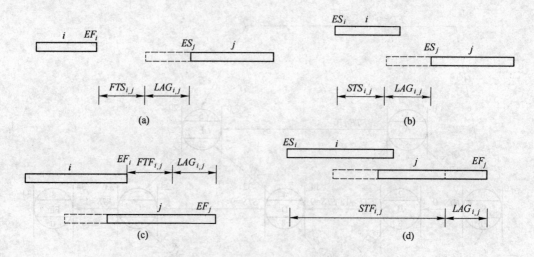

图 4-52　各种搭接时距时的时间间隔

(a)时距为 FTS 的时间间隔；(b)时距为 STS 的时间间隔；

(c)时距为 FTF 的时间间隔；(d)时距为 STF 的时间间隔

在本例中，工作 D 和工作 G 之间的时间间隔 $LAG_{4,7} = \min\{ES_7 - ES_4 - STS_{4,7}\} = \min\{24 - 14 - 9\} = 1$；工作 B 和工作 D 之间的时间间隔 $LAG_{2,4} = \min\{EF_4 - EF_2 - FTF_{2,4}、ES_4 - ES_2 - STS_{2,4}\} = \min\{14 - 0 - 5、32 - 8 - 13\} = \min\{9、11\} = 9$。

根据上述计算公式即可计算出本例中其他相邻两项工作之间的时间间隔，其结果如图 4-53 中箭线下方数字。

C　计算工作的时差

搭接网络计划同前述一般网络计划一样，其工作的时差也有总时差和自由时差两种。

a　计算工作的总时差

搭接网络计划中工作的总时差含义及计算均同前；但在计算出总时差后，需要根据判别该工作的最迟完成时间是否超出计划工期。

在本例中，工作 F 的总时差为 $6 + 1 = 7d$，其最迟完成时间为 $34 + 7 = 41$，将超出计划工期 34d，显然不合理。为此，将工作 E 与虚拟工作 Fin(终点节点)用虚箭线相连，如图 4-53 所示。此时，工作 F 与虚拟工作 Fin 之间的时间间隔为 0，而工作的总时差也为 $0 + 0 = 0$，其最迟完成时间为 $34 + 0 = 34$，在计划工期 34d 以内。

工作总时差的计算结果标在相应节点的下方，见图 4-53。

b　计算工作的自由时差

自由时差的含义及计算均同前。但在搭接网络计划中，由于存在着不同的搭接关系，自由时差也要根据不同的搭接关系来确定。具体应用中，因在时间间隔计算中已考虑了各种搭接关系，因此自由时差的计算可得到简化。在本例中，工作 D 和工作 E 的自由时差分别为 $FF_4 = \min\{LAG_{4,7}, LAG_{4,5}\} = \min\{1,4\} = 1$，$FF_5 = \min\{LAG_{5,7}\} = \min\{0\} = 0$。

D　计算工作的最迟完成时间和最迟开始时间

单代号搭接网络计划与单代号网络计划工作最迟时间的计算顺序是相同的，都是从网络计划的终点节点开始，逆着箭线方向按节点编号从大到小的顺序依次进行，即先计算工作 i，再计算工作 j。

对于搭接网络，如按这种方法进行，就要完成如同最早时间计算中的各项搭接关系和时距的计算和选择,较为繁琐;但在单代号网络中,工作时间间隔这一参数的计算过程中,已实现了上述各项内容的考虑,可据此计算得到工作总时差;因此,可方便地利用总时差进行工作最迟时间的计算,即利用上一节的公式(4-36)和公式(4-37)计算,其具体结果如图4-53所示。

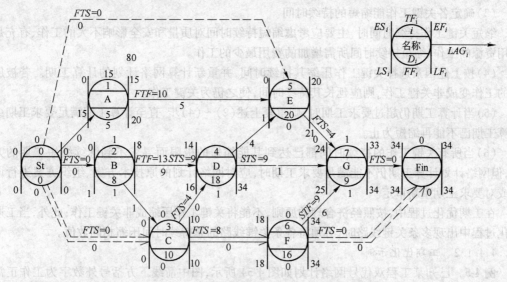

图 4-53　单代号搭接网络计划时间参数的计算结果

E　确定关键线路

同前述的一般单代号网络计划一样,可利用相邻两项工作之间的时间间隔来判定关键线路。即从搭接网络计划的终点节点开始,逆着箭线方向依次找出两项工作之间时间间隔为零的线路就是关键线路。例如在本例中,线路 St→C→F→Fin 为关键线路。关键工作为工作 C 和工作 F,而工作 St 和工作 Fin 为虚拟工作。如图 4-53 中双线所示。

最后,需要说明的是,搭接网络计划中关键线路的时间是该线路上各项工作的作业持续时间和搭接关系的综合结果。比如,该网络计划的计算工期 T_p 为:

$$T_p = D_3 + FTS_{3,6} + D_6 = 10 + 8 + 16 = 34d$$

4.4　网络计划的优化

网络计划的优化是指在一定约束条件下,按既定目标对网络计划进行不断改进,以寻求满意方案的过程。网络计划的优化目标应按计划任务的需要和条件选定,包括工期目标、费用目标和资源目标。根据优化目标的不同,网络计划的优化可分为工期优化、费用优化和资源优化三种。优化的基本思路是:一是利用关键线路缩短工期,即对关键工作在一定范围内适当增加资源,缩短工作的持续时间;二是利用工作时差调整资源,即是改变有总时差的最早开始时间,调整资源供应量。

4.4.1　工期优化

4.4.1.1　工期优化方法

网络计划编制后,最常遇到的问题是计算工期大于规定的要求工期。

工期优化,是指网络计划的工期不满足要求工期时,以缩短工期为目标,通过压缩关键工作的持续时间以满足工期目标的过程。在不改变网络计划中各项工作之间逻辑关系的前提下,工期优化方法能帮助计划编制者有目的地去压缩那些能缩短工期的工作的持续时间,以满足工期要求。

常用方法"选择法"的步骤如下：

(1)确定初始网络计划的计算工期、关键工作和关键线路。

(2)按要求工期计算应缩短时间 ΔT，等于网络计划的计算工期 T_c 与要求工期 T_r 之差；

(3)确定各关键工作能缩短的持续时间。

缩短关键工作持续时间时，主要应考虑缩短持续时间对质量和安全影响不大的工作、有充足备用资源的工作、缩短持续时间所需增加的费用最少的工作。

(4)按上述因素选择关键工作压缩其持续时间，并重新计算网络计划的计算工期。若被压缩的工作变成非关键工作，则应延长其持续时间，使之仍为关键工作。

(5)当计算工期仍超过要求工期时，则重复上述(2)~(4)步，直至计算工期满足要求工期或计算工期已不能再缩短为止。

(6)当所有关键工作的持续时间都已达到其能缩短的极限而寻求不到继续缩短工期的方案，但网络计划计算工期仍不能满足要求工期时，应对网络计划的原技术方案、组织方案进行调整或对要求工期重新审定。

在工期优化过程中，按照经济合理的原则，不能将关键工作压缩成非关键工作；此外，当工期优化过程中出现多条关键线路时，必须将各条关键线路的总持续时间压缩相同数值。

4.4.1.2　工期优化示例

例4-5　已知某工程双代号网络计划如图 4-54 所示，图中箭线下方括号外数字为工作正常持续时间，括号内数字为工作最短持续时间。现假设要求工期为 7d，试对其进行工期优化。

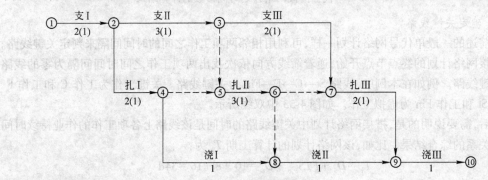

图 4-54　初始网络计划

解：该网络计划的工期优化可按以下步骤进行：

(1)计算并找出网络计划的计算工期和关键线路。用工作正常持续时间计算节点的最早时间和最迟时间如图 4-55 所示。其中关键线路用双箭线表示，为 1—2—3—5—6—7—9—10，关键工作为 1—2、2—3、5—6、7—9、9—10，工期 11d。

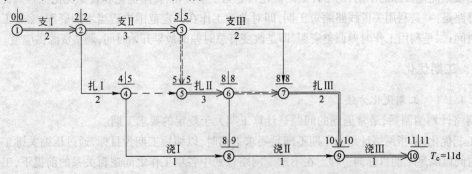

图 4-55　初始网络计划正常持续时间参数计算

（2）确定应缩短的时间 $\Delta T = T_c - T_r = 11 - 7 = 4d$。

（3）选择应压缩持续时间的关键工作。

由图 4-54 中数据，关键工作 2—3 可缩短 2d,5—6 可缩短 2d,7—9 可缩短 1d,1—2 可缩短 1d；根据具体情况及应考虑的有关因素，确定关键工作的压缩顺序为：2—3、5—6、7—9、1—2。

（4）先将 2—3 工作压缩 2d,则 $D_{2-3} = 3 - 2 = 1d$，重新计算时间参数，找出关键线路；2—3 工作压缩后变成非关键工作，所以 2—3 工作只能压缩 1d；$D_{2-3} = 3 - 1 = 2d$，使之仍为关键工作。重新计算时间参数后，工期为 10d，与计划工期相差 3d。

（5）再将 5—6 工作压缩 2d,则 $D_{5-6} = 3 - 2 = 1d$，重新计算时间参数，找出关键线路；5—6 工作压缩后变成非关键工作，所以 5—6 工作只能压缩 1d；$D_{5-6} = 3 - 1 = 2d$，使之仍为关键工作。

这样，将 2—3 工作、5—6 工作同时压缩 1d 后，计算工期为 9d，关键线路 2 条，如图 4-56 所示。

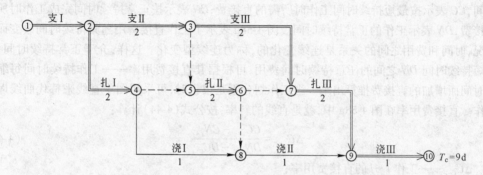

图 4-56　2—3、5—6 工作各压缩 1d 后的网络计划

（6）同理，再将 7—9、1—2 工作各压缩 1d（$D_{7-9} = D_{1-2} = 2 - 1 = 1d$）后，计算工期 7d，关键线路 5 条，如图 4-57 所示。

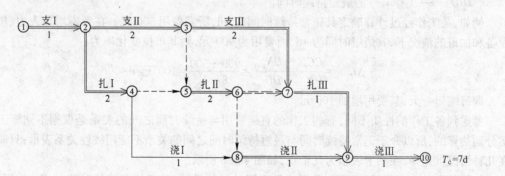

图 4-57　7—9、1—2 工作各压缩 1d 后的网络计划

至此，计算工期 7d，已等于要求工期，故图 4-59 所示网络计划即为优化方案。

4.4.2　工期-成本优化

网络计划在优化工期目标时，要考虑工期缩短所增加的直接费用最少。工期-成本优化就是应用前述的网络计划方法，在一定约束条件下，综合考虑成本与工期两者的相互关系，以期达到成本低、工期短目的的定量方法之一。工期-成本优化是寻求工程总成本最低时的工期安排或按要求工期寻求最低成本的计划安排的过程。

4.4.2.1 工期与成本的关系

在土木工程施工过程中,完成一项工作可采用多种不同的施工和组织方法,相应地会有不同的工期与成本。在一般情况下,对同一工程的总成本来说,施工时间(工期)长短与其成本(费用)在一定范围内是成反比关系。即工期越短,成本越高;工期缩短到一定程度后,再继续增加人力、物力及费用也不一定能使工期缩短;而工期延长也会增加成本。

工程成本包括直接费用和间接费用两部分,它们与时间关系又各有其自身的变化规律。

A 直接费曲线

直接费用由人工费、材料费、机械使用费等组成。施工方案不同,直接费用也就不同;如果施工方案一定,工期不同,直接费用也不同。大体来讲,在一定范围内,直接费会随着工期的缩短而增加或者随着工期的延长而减少。

工作的直接费随着持续时间的缩短而增加,如图 4-58a 所示,图上的 DC 表示工作的最短持续时间,CC 表示按最短持续时间工作时所需的直接费;CN 表示按正常持续时间完成工作时所需的直接费,DN 表示工作的正常持续时间。图 4-58a 表示了工作直接费用随其持续时间改变而改变情况,时间和费用之间的关系是连续变化的,称为连续型变化。这样,介于正常持续时间 DC 和最短持续时间 DN 之间的任意持续时间费用,可根据其直接费用率——工作持续时间每缩短单位时间而增加的直接费推算出来。当工作划分不是很粗时,可采用图中直线来替代曲线以简化工作。直接费用率在图 4-58a 中,就是直线的斜率,按公式(4-44)计算:

$$\Delta C_{i-j} = \frac{CC_{i-j} - CN_{i-j}}{DN_{i-j} - DC_{i-j}} \qquad (4-44)$$

式中 ΔC_{i-j}——工作 $i-j$ 的直接费用率;

CC_{i-j}——按最短持续时间完成工作 $i-j$ 所需的直接费;

CN_{i-j}——按正常持续时间完成工作 $i-j$ 所需的直接费;

DN_{i-j}——工作 $i-j$ 的正常持续时间;

DC_{i-j}——工作 $i-j$ 的最短持续时间。

例如,某工作经过计算确定其正常持续时间为 8d,所需费用 500 元。在考虑增加人力、机具设备和加班的情况下,其最短时间为 4d,而费用为 900 元,则其单位变化率为:

$$\Delta C_{i-j} = \frac{CC_{i-j} - CN_{i-j}}{DN_{i-j} - DC_{i-j}} = \frac{900 - 500}{8 - 4} = 100 \ \text{元/d}$$

即每缩短一天,其费用增加 100 元。

考虑到各工作的性质不同,有些工作的直接费用与持续时间之间的关系是根据不同施工方案分别估算的,所以介于正常持续时间与最短持续时间之间的关系不能用线性关系表示;只能存在几种情况供选择,在图上表示为几个点,如图 4-58b 所示。

如某单层工业厂房吊装工程,采用三种不同的吊装机械,其费用和持续时间如表 4-6 所示。所以,在确定施工方案时,根据工期要求,只能在上表中的三种不同机械中选择。

表 4-6 时间和费用表

机械类型	A	B	C
持续时间/d	5	7	10
费用/元	3600	2500	1700

从公式(4-44)可以看出,工作的直接费用率越大,说明将该工作的持续时间缩短一个时间单

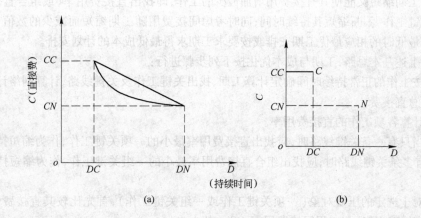

图 4-58 直接费-时间关系图
(a)连续型;(b)非连续型

位,所需增加的直接费就越多;反之,将该工作的持续时间延长一个时间单位,所需增加的直接费就越少。因此,在压缩关键工作持续时间以达到缩短工期目的时,应将直接费用率最小的关键工作作为压缩对象;当有多条关键线路出现而需要同时压缩多个关键工作的持续时间时,应将它们的直接费用率之和(组合直接费用率)最小者作为压缩对象。

B 间接费曲线

间接费用包括企业经营管理的全部费用,与施工单位的管理水平、施工条件、施工组织等有关,一般会随着工期的缩短而减少。间接费用曲线表示了间接费用在一定范围内和时间成正比关系,通常用直线表示,其斜率表示间接费用在单位时间内的增加(或减少值),称为间接费用率,记为 $\Delta C'_{i-j}$,如图 4-59 所示。间接费用率一般根据实际情况确定。

C 工程成本曲线

把直接费和间接费两种费用叠加起来,即构成工程成本曲线。工程总费用最低点 B 坐标,就是工程的最低成本和相应的最优工期,为费用优化寻求的目标,如图 4-60 所示。图 4-60 中 T_L 表示最短工期,T_0 表示最优工期,T_N 表示正常工期。在考虑工程成本时,还应通过叠加考虑工期变化带来的其他损益,包括效益增量和资金的时间价值等。

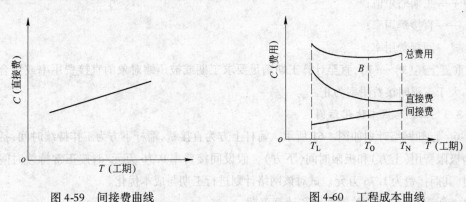

图 4-59 间接费曲线   图 4-60 工程成本曲线

4.4.2.2 工期-成本优化的方法及步骤

工期-成本优化的基本方法,是从网络计划各工作的持续时间和费用的关系中,依次找出既能使计划工期缩短又能使其直接费用增加最少的工作,即找出直接费用率(或组合直接费用率)最小的关键工作,不断缩短其持续时间;同时考虑间接费用随工期缩短而减少的数值,最后求得工程成本最低时的相应最优工期安排或按要求工期求得最低成本的计划安排。

按照上述基本思路,工期与成本优化按下列步骤进行:

(1)按工作的正常持续时间确定计算工期、找出关键工作及关键线路,计算网络计划在正常情况下的总直接费。

(2)计算各项工作的直接费用率。

(3)当只有一条关键线路时,应找出直接费用率最小的一项关键工作,作为缩短持续时间的对象;当有多条关键线路时,应找出组合直接费用率最小的一组关键工作,作为缩短持续时间的对象。

(4)对于选定的压缩对象(一项关键工作或一组关键工作),首先比较其直接费用率 ΔC_{i-j} (或组合直接费用率)与工程间接费用率 $\Delta C'_{i-j}$ 的大小:

1)若 $\Delta C_{i-j} > \Delta C'_{i-j}$,说明压缩关键工作的持续时间会使工程总费用增加,此时应停止缩短关键工作的持续时间,在此之前的方案即为优化方案;

2)若 $\Delta C_{i-j} = \Delta C'_{i-j}$,说明压缩关键工作的持续时间不会使工程总费用增加,故应缩短关键工作的持续时间;

3)若 $\Delta C_{i-j} < \Delta C'_{i-j}$,说明压缩关键工作的持续时间会使工程总费用减少,故应缩短关键工作的持续时间。

(5)当需要缩短关键工作的持续时间时,其缩短值的确定必须符合下列两条原则:

1)缩短后工作的持续时间不能小于其最短持续时间;

2)缩短持续时间的工作不能变成非关键工作。

(6)计算关键工作持续时间缩短后相应的费用增加值。

(7)计算总费用:

$$C_t^T = C_{t+\Delta T}^T + \Delta T \cdot \Delta C_{i-j} - \Delta T \cdot \Delta C'_{i-j}$$
$$= C_{t+\Delta T}^T + \Delta T(\Delta C_{i-j} - \Delta C'_{i-j}) \qquad (4\text{-}45)$$

式中　C_t^T——工期缩短至 t 时的总费用;

　$C_{t+\Delta T}^T$——前一次的总费用;

　ΔT——工期缩短值;

　ΔC_{i-j}——直接费用率;

　$\Delta C'_{i-j}$——间接费用率。

(8)重复上述(3)～(7),直至计算工期满足要求工期或被压缩对象的直接费用率或组合直接费用率大于工程间接费用率为止。

4.4.2.3　工期与成本优化示例

例 4-6　已知网络计划如图 4-61 所示。箭杆上方为直接费,箭杆下方为工作持续时间,括号内数字为极限费用(上方)和极限时间(下方)。假设间接费率 0.16 万元/d;按正常持续时间完成计划时,其间接费为 1.76 万元。试对该网络计划进行工期与成本优化。

解:1. 确定网络计划的关键线路和计算工期

关键线路一条 1—2—3—5—6—7—9—10,如图 4-61 中双线所示;计算工期 $T_c = 11$d。

2. 各工作正常作业时间和费用、极限作业时间和费用、各工作的直接费率等,见表 4-7。

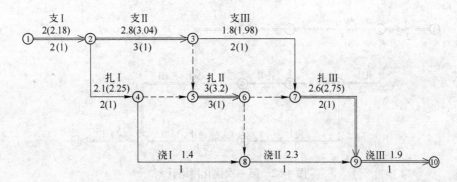

图 4-61 初始网络计划工期与费用

表 4-7 各工作的持续时间、费用和直接费率

工作编号 (1)	持续时间/d			费用/万元			直接费率 /万元·d⁻¹ (8)=(7)/(4)
	正常(2)	极限(3)	差值(4)= (2)-(3)	正常(5)	极限(6)	差值(7)= (6)-(5)	
1—2	2	1	1	2	2.18	0.18	0.18
2—3	3	1	2	2.80	3.04	0.24	0.12
3—7	2	1	1	1.80	1.98	0.18	0.18
2—4	2	1	1	2.10	2.25	0.15	0.15
5—6	3	1	2	3.0	3.20	0.2	0.10
7—9	2	1	1	2.60	2.75	0.15	0.15
4—8	1	1	0	1.40	1.40	0	—
8—9	1	1	0	2.30	2.30	0	—
9—10	1	1	0	1.90	1.90	0	—
总 计				19.90	21.00		

3. 正常工期的总成本 $C_{11}^T = 19.90 + 1.76 = 21.66$ 万元。

4. 极限工期的总成本 $C_5^T = 21.00 + 1.76 + 0.16 \times (5 - 11) = 21.80$ 万元。

5. 优化计算

（1）第一次优化。

确定直接费率最低的关键工作。在关键线路（1—2—3—5—6—7—9—10）上,关键工作 5—6 的直接费率最小,$\Delta C_{5-6} = 0.10$ 万元/d,其极限持续时间 $D_{5-6}^C = 1d$,将 $D_{5-6}^C = 1d$ 代入计算时间参数;确定关键线路为 1—2—3—7—9—10,计算工期 $T'_c = 10d$,$T_c - T'_c = 11 - 10 = 1d$,小于关键工作 5—6 的缩短时间 3—1 = 2d,即这样压缩后关键工作 5—6 变成了非关键工作。因而工作 5—6 不能缩短 2d,只能缩短 1d 的持续时间,以保证满足"缩短持续时间的工作不能变成非关键工作"的原则。所以取 $D_{5-6} = 3 - 1 = 2d$ 计算。

工作 5—6 缩短 1d、工期缩短一天后,总直接费:$C_{10}^C = 19.90 + 0.1 = 20$ 万元;

总成本费:$C_{10}^T = 21.66 + 1 \times (0.1 - 0.16) = 21.60$ 万元 $< C_{11}^T = 21.66$ 万元。

优化结果如图 4-62 所示。有两条关键线路,即 1—2—3—7—9—10 和 1—2—3—5—6—7—9—10。

说明工期缩短一天后,直接费用增加,间接费用减少,总成本降低。

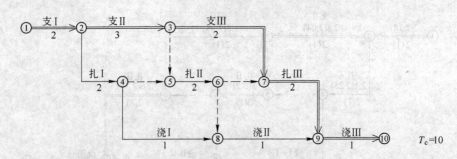

图 4-62　第一次优化网络计划

（2）第二次优化。

分析图 4-64,在关键线路 1—2—3—7—9—10 和 1—2—3—5—6—7—9—10 中,仍有三个压缩方案可供选择:

方案Ⅰ:缩短工作 2—3,每天直接费 0.12 万元;

方案Ⅱ:继续缩短工作 5—6。由于与工作 4—7 平行,两个关键工作必须同时压缩。每天直接费 0.2 +0.1 =0.3 万元;

方案Ⅲ:缩短工作 1—2 或工作 7—9,则每天直接费 0.18 万元或 0.15 万元。

由此可知,选择方案Ⅰ,不仅增加费用少,且工作 2—3 为两条关键线路所共有,能使两条关键线路缩短同样时间。

工作 2—3 极限持续时间为 3—2 =1d(压缩 2d),将 D_{2-3} =1d 代入计算时间参数,工期为 8d,两条关键线路均变成非关键线路,说明工作 2—3 只能压缩 1d。把 D_{2-3} =3 −1 =2d 代入图 4-62 计算时间参数,工期为 9d,如图 4-63 所示。

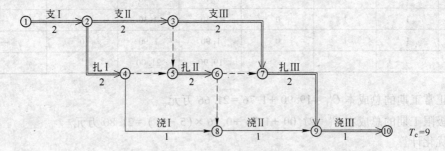

图 4-63　第二次优化网络计划

总直接费: C_9^C =20 +0.12 =20.12 万元 > C_{10}^C =20 万元;

总成本费: C_9^T =21.60 +1 ×(0.12 −0.16) =21.56 < C_{10}^T =21.60 万元。

（3）第三次优化。

图 4-63 有三条关键线路:

1—2—3—7—9—10;1—2—3—5—6—7—9—10;1—2—3—5—6—7—9—10。

压缩工作 1—2,直接费率 0.18 万元/d;

压缩工作 2—3 和 2—4(两个平行工作),直接费率 0.12 +0.15 =0.27 万元/d;

压缩工作 4—7 和 5—6,直接费率 0.18 +0.1 =0.28 万元/d;

压缩工作 7—9,直接费率 0.15 万元/d。

因此,第三次优化应选工作 7—9 为缩短对象。将 D_{7-9}^C =1d 代入图 4-63 计算时间参数,工期压缩至 8d,使工作 7—9 成关键工作。

总直接费: $C_8^c = 20.12 + 0.15 = 20.27$ 万元 $> C_9^c = 20$ 万元;

总成本费: $C_8^T = 21.56 + 1 \times (0.15 - 0.16) = 21.55$ 万元 $< C_9^T = 21.56$ 万元。

第三次优化后的网络计划如图4-64所示。

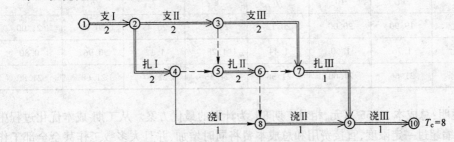

图 4-64　第三次优化网络计划

(4)第四次优化。

在图4-64和表4-7中,工作1—2直接费率(0.18万元/d)最低,应首选工作1—2作为压缩对象,缩短时间为1d。将 $D_{1-2}^c = 1d$ 代入图4-66,重新计算时间参数,工期为7d。

总直接费: $C_7^c = 20.27 + 0.18 = 20.45$ 万元 $> C_8^c = 20.27$ 万元;

总成本费: $C_7^T = 21.55 + 1 \times (0.18 - 0.16) = 21.57$ 万元 $> C_8^T = 21.55$ 万元。

第四次优化结果的网络计划,关键线路与图4-64相同。

(5)第五次优化。

关键工作(2—3)+(2—4)的直接费率为　 $0.12 + 0.15 = 0.27$ 万元/d;

关键工作(4—7)+(5—6)的直接费率为　 $0.18 + 0.1 = 0.28$ 万元/d。

应选择工作2—4和2—3继续压缩1d,将 $D_{2-3}^c = D_{2-4}^c = 1d$ 及 $D_{1-2} = 1d$ 代入图4-64重新计算时间参数,工期为6d。

总直接费: $C_6^c = 20.45 + 0.27 = 20.72$ 万元 $> C_7^c = 20.45$ 万元;

总成本费: $C_6^T = 21.57 + 1 \times (0.27 - 0.16) = 21.68$ 万元 $> C_7^T = 21.57$ 万元。

第五次优化结果,其关键线路与图4-64相同。

(6)第六次优化。

经第四次和第五次优化后,在图4-64的关键线路中能缩短持续时间的关键工作只有工作4—7和工作5—6。如果两个工作各压缩1d后,则工期为5d,增加直接费率 $0.18 + 0.1 = 0.28$ 万元/d,工作3—7成为关键工作。此时,网络计划各工作均已达到极限作业时间,均为关键工作,如图4-65所示。

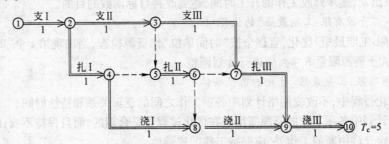

图 4-65　第六次优化网络计划

总直接费: $C_5^c = 20.72 + 0.28 = 21.00$ 万元 $> C_6^c = 20.72$ 万元;

总成本费: $C_5^T = 21.68 + 1 \times (0.28 - 0.16) = 21.80$ 万元 $> C_6^T = 21.68$ 万元。

综上所述,本例的工期-成本优化过程分析对比列于表4-8。

表 4-8　工期-成本优化分析对比

工期/d	11	10	9	8	7	6	5
直接费/万元	19.90	20.00	20.12	20.27	20.45	20.72	21.00
间接费/万元	1.76	1.60	1.44	1.28	1.12	0.96	0.80
总成本/万元	21.66	21.60	21.56	21.55	21.57	21.68	21.80

表4-8说明:总成本21.55万元,相对工期8d,为计划的最优方案。从工期-成本优化过程中看出,工期压缩超过一定限度,直接费用和总成本费将同时增加,并且大多数工作甚至全部工作都成为关键工作。此时,要顺利完成计划目标是不可想象的。所以,在要求总成本费最低的同时,也要重视并控制工期、质量与费用相对的协调关系。

4.4.3　资源优化

资源是指为完成一项计划任务所需投入的人力、材料、机械设备和资金等,资源优化的目的是通过改变工作的开始时间和完成时间,使其按照时间的分布符合优化目标。

在通常情况下,网络计划的资源优化分为两种,即"资源有限-工期最短"的优化和"工期固定-资源均衡"的优化。前者是通过调整计划安排,在满足资源限制条件下,使工期延长最少的过程;而后者是通过调整计划安排,在工期保持不变的条件下,使资源需用量尽可能均衡的过程。

资源优化中的"资源",是指完成某工作所需用的各种人力、材料、机械设备和资金等的统称;一项工作在单位时间内所耗用的资源量,称为资源强度,用 Q 表示;一项工作在单位时间内各资源需用量之和,称为资源需用量,用 R 表示;单位时间内可供计划使用的某种资源的最大数量,称为资源限量。为简化问题,这里假定网络计划中的所有工作需要同一种资源。

4.4.3.1　资源优化的基本原理

网络计划的资源优化是有约束条件的最优化过程,各个工作的开始时间就是决策变量,每一种计划实质上是一个决策项目。对计划的优化,就是在众多的方案中选择这样一个方案(决策),它使目标函数值最佳。目标函数随着情况的不同、资源本身性质的不同,其形式是多种多样的。在优化中,决策变量的取值还需满足一定的约束条件,比如优先关系、搭接关系、总工期、资源的高峰等。

对于资源优化的问题目前还没有十分完善的理论,在算法方面一般是以通常的网络计划参数计算的结果出发,逐步修改工作的开工时间,达到改善目标函数的目的。

4.4.3.2　"资源有限-工期最短"的优化

"资源有限-工期最短"优化,宜逐个按"时间单位"作资源检查,当出现第 t 个"时间单位"资源需用量 R_t 大于资源限量 R_a 时,应进行计划调整。

A　"资源有限,工期最短"优化的前提条件

(1)在优化过程中,不改变网络计划中各项工作之间的逻辑关系和持续时间;

(2)网络计划中各项工作的资源需用量在优化过程中是合理的,而且保持不变,即为常数;

(3)除规定允许中断的工作外,应保持工作的连续性。

B　资源优化顺序分配原则

(1)先对关键工作按资源需用量大小,以从大到小的顺序分配。

(2)再对非关键工作按总时差大小,以从小到大的顺序分配;总时差相等时,按每日资源需用量的递减编号进行分配。

C　资源优化的步骤

(1)按照各项工作的最早开始时间安排进度计划,并计算网络计划每"时间单位"的资源需用量。

(2)从计划开始日期起,逐个检查每个"时间单位"资源需用量是否超过所能供应的资源限量。如果在整个工期范围内每个"时间单位"资源需用量均能满足资源限量的要求,则可行优化方案就编制完成;否则,必须转入下一步进行计划的调整。

(3)分析超过资源限量的时段(每"时间单位"资源需用量相同的时间区段)。如果在该时段内有几项工作平行作业,则采取将一项工作安排在与之平行的另一项工作之后进行的办法,以降低该时段的资源需用量。对于两项平行作业的工作 $m{-}n$ 和 $i{-}j$ 来说,为了降低相应时段的资源需用量,将工作 $i{-}j$ 安排在工作 $m{-}n$ 后进行,如图 4-66 所示。

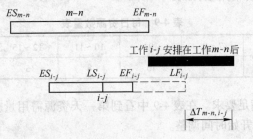

图 4-66　$m{-}n$ 和 $i{-}j$ 两项工作的顺序

如果将工作 $i{-}j$ 安排在工作 $m{-}n$ 后进行,网络计划的工期延长值为:

$$\Delta T_{m-n,i-j} = EF_{m-n} + D_{i-j} - LF_{i-j}$$
$$= EF_{m-n} - (LF_{i-j} - D_{i-j})$$
$$= EF_{m-n} - LS_{i-j} \tag{4-46}$$

式中　$\Delta T_{m-n,i-j}$——在资源冲突的诸工作中,工作 $i{-}j$ 安排在工作 $m{-}n$ 后进行,网络计划工期所延长的时间;

　　　EF_{m-n}——工作 $m{-}n$ 的最早完成时间;

　　　D_{i-j}——工作 $i{-}j$ 的持续时间;

　　　LF_{i-j}——工作 $i{-}j$ 的最迟完成时间;

　　　LS_{i-j}——工作 $i{-}j$ 的最迟开始时间。

这样,在有资源冲突的时段中,对平行作业的工作进行两两排序,即可得出若干个 $\Delta T_{m-n,i-j}$,选择其中最小的 $\Delta T_{m-n,i-j}$,将相应的工作 $i{-}j$ 安排在工作 $m-n$ 之后进行,则既可降低该时段的资源需用量,又使网络计划的工期延长值最短。

即在各种顺序安排中,最佳顺序安排所对应的工期延长时间的最小值 $\Delta T_{m'-n',i'-j'}$ 为

$$\Delta T_{m'-n',i'-j'} = \min\{\Delta T_{m-n,i-j}\} \tag{4-47}$$

(4)当最早完成时间 $EF_{m'-n'}$ 最小值和最迟开始时间 $LS_{i'-j'}$ 最大值同属一项工作时,应找出最早完成时间 $EF_{m'-n'}$ 为次小、最迟开始时间 $LS_{i'-j'}$ 为次大的工作,分别组成两个顺序方案,再从中选取较小者进行调整。

(5)对调整后的网络计划安排重新计算每个时间单位的资源需用量。

(6)重复(2)~(5),直至整个工期范围内每个时间单位的资源需用量均满足资源限量为止。

D　优化示例

例4-7　某网络计划如图 4-67 所示,图中箭线上的数为工作持续时间,箭线下的数为工作资

源强度,假定每天只有 9 个工人可供使用,如何安排各工作最早开始时间使工期达到最短?

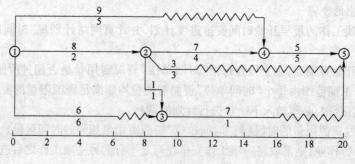

图 4-67　某网络计划

解:(1)计算每日资源需用量,如表 4-9 所示。

表 4-9　每日资源数量表

工作日	1～6	7～8	9	10～11	12～15	16	17～20
资源数量	13	7	13	8	5	6	5

(2)逐日检查是否满足要求。在表 4-9 中看到第一天资源需用量就超过可供资源量(9 人)要求,必须进行工作最早开始时间调整。

(3)分析资源超限的时段。在第 1～6 天,有工作 1—4、1—2、1—3,分别计算 EF_{i-j}、LS_{i-j},确定调整工作最早开始时间方案,见表 4-10。

表 4-10　超过资源限量的时段的工作时间参数表

工作代号 $i-j$	EF_{i-j}	LS_{i-j}
1—4	9	6
1—2	8	0
1—3	6	7

根据式(4-46)及式(4-47),确定 $\Delta T_{m'-n',i'-j'}$ 最小值,$\min\{EF_{m-n}\}$ 和 $\max\{LS_{i-j}\}$ 属于同一工作 1—3,找出 EF_{m-n} 的次小值及 LS_{i-j} 的次大值是 8 和 6,组成两组方案。

$$\Delta D_{1-3,1-4}=6-6=0,\Delta D_{1-2,1-3}=8-7=1$$

选择工作 1—4 安排在工作 1—3 之后进行,工期不增加,每天资源需用量从 13 人减少到 8 人,满足要求;如果有多个平行作业工作,当调整一项工作的最早开始时间后仍不能满足要求,就应继续调整。

重复以上计算方法与步骤。可行优化方案如表 4-11 及图 4-68 所示。

表 4-11　可行优化方案的每日资源数量表

工作日	1～6	7～8	9	10～11	12～15	16	17	18	19～22
资源数量	8	7	6	9	9	8	4	9	6

4.4.3.3　"工期固定-资源均衡"的优化

安排建设工程进度计划时,需要使资源需用量尽可能地均衡,使整个工程每单位时间的资源需用量不出现过多的高峰和低谷,这样不仅有利于工程建设的组织与管理而且可以降低工程费用。

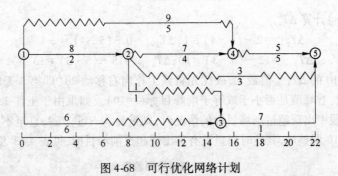

图 4-68 可行优化网络计划

以下只对"工期固定-资源均衡"的削高峰法进行介绍。其基本原理是利用时差降低资源高峰值,以获得资源消耗量尽可能均衡的优化方案。

A 削高峰法的优化步骤

(1)计算网络计划每"时间单位"的资源需用量。

(2)确定削峰目标,其值等于每"时间单位"资源需用量的最大值减一个单位量。

(3)找出高峰时段的最后时间 T_h 及有关时间的最早开始时间 ES_{i-j} 和总时差 TF_{i-j}。

(4)计算有关工作的时间差值 ΔT_{i-j}:

$$\Delta T_{i-j} = TF_{i-j} - (T_h - ES_{i-j}) \tag{4-48}$$

(5)当峰值不能再减少时,即得到优化方案;否则,重复以上方案。

B 优化示例

例 4-8 某时标网络计划如图 4-69 所示,箭线上的数字表示工作持续时间,箭线下的数字表示工作资源强度,试优化该时标网络计划。

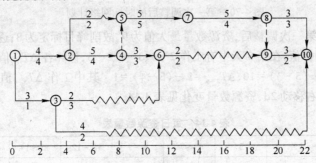

图 4-69 某时标网络计划

解:(1)计算每日所需资源数量,见表 4-12。

表 4-12 每日资源数量表

工作日	1~3	4	5	6~7	8~9	10~12	13~14	15~19	20~22
资源数量	5	9	11	8	4	8	7	4	5

(2)确定削峰目标。削峰目标就是表 4-12 中最大值减去它的一个单位量。削峰目标定为10(11-1)。

(3)找出下界时间点 T_h 及有关工作 $i-j$ 的 ES_{i-j} 和 TF_{i-j}。

$T_h = 5$;在第 5 天有 2—5、2—4、3—6、3—10 四个工作,相应的 FF_{i-j} 和 ES_{i-j} 分别为 2、4、0、4,12、3、15、3。

（4）按式（4-48）计算 ΔT_{i-j}

$$\Delta T_{2-5}=2-(5-4)=1;\Delta T_{2-4}=0-(5-4)=-1$$
$$\Delta T_{3-6}=12-(5-3)=10;\Delta T_{3-10}=15-(5-3)=13$$

其中工作 3—10 的 ΔT_{3-10} 值最大，故优先将该工作向右移动 2d（即第 5 天以后开始），然后计算每日资源数量，看峰值是否小于或等于削峰目标（=10）。如果由于工作 3—10 最早开始时间改变，在其他时段中出现超过削峰目标的情况时，则重复③~⑤步骤，直至不超过削峰目标为止。本例工作 3—10 调整后，其他时间里没有再出现超过削峰目标，见表 4-13 及图 4-70。

表 4-13　每日资源数量表

工作日	1~3	4	5	6~7	8~9	10~12	13~14	15~19	20~22
资源数量	5	7	9	8	6	8	7	4	5

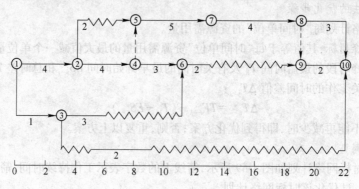

图 4-70　第一次调整后的时标网络计划

从表 4-13 得知，第一次调整后，资源数量最大值为 9，故削峰目标定为 8；逐日检查至第 5 天，资源数量超过削峰目标值，在第 5 天中有工作 2—4、3—6、2—5，计算各 ΔT_{i-j} 值：$\Delta T_{2-4}=0-(5-4)=-1$，$\Delta T_{3-6}=12-(5-3)=10$，$\Delta T_{2-5}=2-(5-4)=1$。其中工作 ΔT_{3-6} 值为最大，故优先调整工作 3—6，将其向右移动 2d，资源数量变化见表 4-14。

表 4-14　每日资源数量表

工作日	1~3	4	5	6~7	8~9	10~12	13~14	15~19	20~22
资源数量	5	4	6	11	6	8	7	4	5

由表 4-14 可知在第 6、7 两天资源数量又超过 8。在这一时段中有工作 2—5、2—4、3—6、3—10，再计算 ΔT_{i-j} 值：

$$\Delta T_{2-5}=2-(7-4)=-1;\Delta T_{2-4}=0-(7-4)=-3$$
$$\Delta T_{3-6}=10-(7-5)=8;\Delta T_{3-10}=12-(7-5)=10$$

按理应选择 ΔT_{i-j} 值最大的工作 3—10，但因为它的资源强度为 2，调整它仍然不能达到削峰目标，故选择工作 3—6（它的资源强度为 3），满足削峰目标，将使之向右移动 2d。

通过重复上述计算步骤，最后削峰目标定为 7，不能再减少了，优化计算结果见表 4-15 及图 4-71。

表 4-15　每日资源数量表

工作日	1~3	4	5~7	8~9	10	11~18	19	20~22
资源数量	5	4	6	7		7	6	5

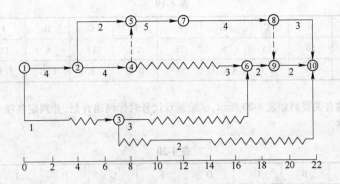

图 4-71　资源调整完成的时标网络计划

　　由上可知,网络优化计算工作量十分庞大,对于大中型网络,用手工计算是难以实现的,只能依靠计算机进行计算。

复习思考题

4-1　什么是网络图,什么是工作?

4-2　什么是工艺关系和组织关系? 试举例说明。

4-3　简述网络图的分类。

4-4　简述网络图的绘制规则。

4-5　什么是工作的总时差,有何特点?

4-6　什么是工作的自由时差,有何特点?

4-7　什么是关键线路,有何特点?

4-8　双代号时标网络计划的特点有哪些?

4-9　什么是搭接网络计划? 举例说明工作之间的各种搭接关系。

4-10　已知工作之间的逻辑关系如表 4-16 ~表 4-18 所示,试分别绘制双代号和单代号网络图。

表 4-16

工　作	A	B	C	D	E	G	H
紧前工作	C、D	E、H	—	—	—	D、H	—

表 4-17

工　作	A	B	C	D	E	G
紧前工作	—	—	—	B、C、D	A、B、C	

表 4-18

工　作	A	B	C	D	E	G	H	I	J
紧前工作	E	H、A	J、G	H、I、A	—	H、A	—	—	E

4-11　已知网络计划的有关资料如表 4-19 所示,试绘制双代号网络计划,在图中标出各项工作的六个时间参数,并用双箭线标明关键线路。

表 4-19

工 作	A	B	C	D	E	F	G	H	I	J	K
持续时间	22	10	13	8	15	17	15	6	11	12	20
紧前工作	—	—	B、E	A、C、H	—	B、E	E	F、G	F、G	A、C、I、H	F、G

4-12 某网络计划的有关资料如表 4-20 所示,试绘制双代号时标网络计划,并判定各项工作的六个时间参数和关键线路。

表 4-20

工 作	A	B	C	D	E	G	H	I	J	K
持续时间	2	3	5	2	3	3	2	3	6	2
紧前工作	—	A	A	B	B	D	G	E、G	C、E、G	H、I

4-13 某网络计划的有关资料如表 4-21 所示,试绘制单代号网络计划,并在图中标出各项工作的六个时间参数及相邻两项工作之间的时间间隔,并用双箭线标明关键线路。

表 4-21

工 作	A	B	C	D	E	G
持续时间	12	10	5	7	6	4
紧前工作	—	—	—	B	B	C、D

4-14 已知网络计划如图 4-72 所示,箭线下方括号外数字为工作的正常持续时间,括号内数字为工作的最短持续时间,箭线上方括号内数字为优选系数。要求工期为 12d,试对其进行工期优化。

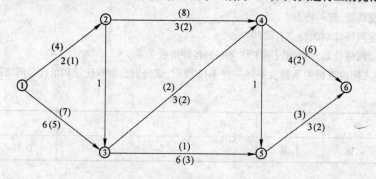

图 4-72

4-15 工期优化和费用优化的区别是什么?

4-16 什么是资源优化?

5 单位工程施工组织设计

5.1 概述

单位工程施工组织设计是用以指导和组织单项工程从施工准备到工程竣工施工活动的技术经济文件。编制单位工程施工组织设计应根据工程的建筑结构特点、建设要求与施工条件,合理选择施工方案,编制施工进度计划,规划施工现场的平面布置,编制各种资源需求量计划,制定降低成本的技术组织措施和保证工程质量与安全文明施工的措施。施工组织设计是项目管理规划的主要内容,从其作用上看总体有两大类:一类是施工企业由组织的管理层或组织委托的项目管理单位编制的,用以投标的施工组织设计,简称标前设计;另一类是由项目经理组织编制的,中标后用于指导整个施工用的施工组织设计,简称标后设计。本章中的施工组织设计主要指标后施工组织设计。

5.1.1 单位工程施工组织设计的编制依据

单位工程施工组织设计编制的主要依据有:

(1)工程所在地的地区工程勘察和技术经济资料。如地质、地形、气象、地下水位、地形图、地区条件以及测量控制网等。

(2)施工现场条件和地质勘察资料。如施工现场的地形、地貌、地上与地下障碍物以及水文地质、交通运输道路、施工现场可占用的场地面积等。

(3)计划文件。如国家批准的基本建设计划、工程项目一览表、分期分批投资的期限、投资指标、管理部门的批件及施工任务书等。

(4)本工程的全部施工图、所需的标准图及详细的分部分项工程量。

(5)资源供应情况。包括各种材料、预制构件及半成品供应情况,劳动力配备情况,施工机械设备的供应情况。

(6)工期要求及施工企业年度生产计划。

(7)本工程相关的技术资料。包括标准图集、地区定额手册、国家操作规程及相关的施工与验收规范、施工手册等,同时包括企业相关的经验资料、企业定额等。

(8)建筑工程施工合同文件及相关文件。

5.1.2 单位工程施工组织设计的编制程序

单位工程施工组织设计的编制,一般按照图 5-1 的程序进行。

5.1.3 单位工程施工组织设计的主要内容

单位工程施工组织设计根据工程性质、规模、结构复杂程度、采用新技术的内容、工期要求、建设地点的自然经济条件、施工单位的技术力量及其对该类工程的熟悉程度等不同情况,单位工程施工组织设计的编制内容与深度有所不同。应根据实际情况进行编制,内容要简明扼要、合理先进,使其真正起到指导现场施工的作用。单位工程施工组织设计一般应包括以下内容:

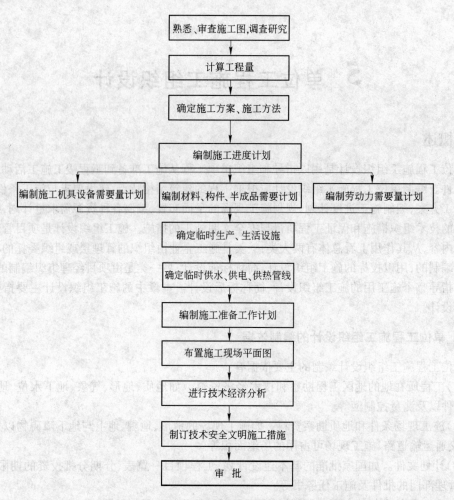

图 5-1　单位工程施工组织设计编制程序

（1）工程概况。工程概况和施工条件分析是对拟建工程特点、地点特征、抗震设防的要求、工程的建筑面积和施工条件等所做的一个简要的、突出重点的介绍。

（2）施工准备工作。施工准备是单位工程施工组织设计的一项重要工作。包括施工前的技术准备、现场准备和资源准备等。

（3）施工方案。施工方案是单位工程施工组织设计的核心内容。包括确定总的施工顺序及确定施工流向、主要分部分项工程的划分及其施工方法的选择、施工段的划分、施工机械的选择、技术组织措施的拟定等。

（4）施工进度计划表。施工进度计划主要包括划分施工过程和计算工程量、劳动量、机械台班使用量、施工班组人数、每天工作班次工作持续时间，以及确定分部分项工程（施工过程）施工顺序及搭接关系，绘制进度计划表。寻求最优施工进度的指标使资源需用量均衡，在合理使用资源的条件下和不提高施工费用的基础上，力求使工期最短。

（5）劳动力、材料、构件和机械设备等需要量计划。

（6）施工平面图。施工平面图主要包括施工所需机械、临时加工场地、材料构件仓库与堆场的布置及临时水电管线、临时道路、临时设施用房的布置等，并绘制现场施工平面布置图。

（7）施工技术、组织和保证措施。为了保证工程的质量,要针对不同的工作、工种和施工方法,制定出相应的技术措施和不同的质量保证措施。同时要保证文明施工、安全施工。其内容应包括:施工技术组织措施、保证施工安全措施、冬雨季施工措施、降低成本措施、文明施工措施、环境保护措施等。

（8）技术经济指标分析。技术经济指标分析主要包括工期指标、质量指标、安全指标、降低成本指标分析等。

5.2 工程概况

5.2.1 工程建设概况

工程建设概况包括拟建工程的建设单位,工程名称,工程规模、性质、用途、资金来源及工程投资额,开竣工的日期,设计单位,施工单位(包括施工总承包和分包单位),施工图纸情况,施工合同,主管部门的有关文件或要求,组织施工的指导思想等。

5.2.2 工程施工概况

工程施工概况是指对工程全貌进行综合说明,主要介绍以下几方面情况:

（1）建筑设计特点。一般需说明:拟建工程的建筑面积、层数、高度、平面形状、平面组合情况及室内外的装修情况,并附平面、立面、剖面简图。

（2）结构设计特点。一般需说明:基础的类型,埋置的深度,主体结构的类型,预制构件的类型及安装,抗震设防的烈度。

（3）建设地点的特征。包括拟建工程的位置、地形、工程地质条件,不同深度土壤的分析、冻结时间与冻结厚度、地下水位、水质,气温、主导风向、风力。

（4）施工条件。包括"三通一平"情况(建设单位提供水、电源及管径、容量及电压等),现场周边的环境,施工场地的大小,地上、地下各种管线的位置,当地交通运输的条件,预制构件的生产及供应情况,预拌混凝土供应情况,施工企业、机械、设备和劳动力的落实情况,劳动力的组织形式和内部承包方式等。

5.2.3 工程施工特点

概括单位工程的施工特点是施工中的关键问题,以便在选择施工方案,组织资源供应,技术力量配备以及施工组织上采取有效的措施,保证顺利进行。

5.3 施工方案

合理选择施工方案是整个单位工程施工组织设计的核心,是编制单位工程施工组织设计的重点。它直接影响工程施工的质量、工期和经济效益。施工方案的选择主要包括确定施工流向和施工程序,选择主要分部工程的施工方法和施工机械,安排施工顺序和进行施工方案的技术经济比较等内容。

5.3.1 确定施工流向

施工流向是指平面上或竖向上施工进展方向和施工顺序。施工流向就是确定施工段施工的先后顺序。

单位工程在确定施工流向时应考虑以下因素:

（1）建设单位对生产或使用的要求。先投产、先使用的施工区段先施工、先交工。

（2）技术复杂、工程量大、工期长的区段或部位。这些区段和部位应先施工。

（3）施工技术和施工组织上的要求。如：

1）多层建筑物层高不等时采取如图 5-2 所示的施工流向，可使各施工过程的施工队在各施工段上连续施工，使施工更加流畅。其中图 5-2a 从层数较高的第Ⅱ段开始施工，再进入施工段Ⅲ和施工段Ⅰ进行施工，然后依次逐层按顺序施工；图 5-2b 从有地下室的第Ⅱ段开始施工，再进入第一层的施工段Ⅲ、施工段Ⅰ施工，继而又从第一层的第Ⅱ段开始由下向上逐层逐段依此顺序进行施工。

2）工业厂房施工流向的确定应考虑其生产工艺，影响试车投产的工段应先施工。当有高低跨并列时，应从并列处开始。

3）屋面防水施工应按先低后高顺序施工。

4）土方工程施工时，如需外运土方，施工流向应从离道路远的部位开始，由远而近的流向进行。

5）基础埋深不同时应先深后浅。

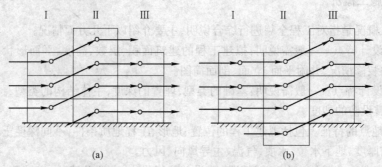

图 5-2　不等高多层房屋施工流向图

（4）对于装饰工程，一般分室内装饰和室外装饰。室外装饰通常是自上而下进行，但有特殊情况时可以不按自上而下进行的顺序进行，如商业性建筑为满足业主营业的要求，可采取自中而下的顺序进行，保证营业部分的外装饰先完成。这种顺序的不足之处是在上部进行外装饰时，易损坏污染下部的装饰。室内装饰可以采取主体封顶后自上而下进行，如图 5-3a 所示，也可以采取自下而上进行，如图 5-3b 所示。

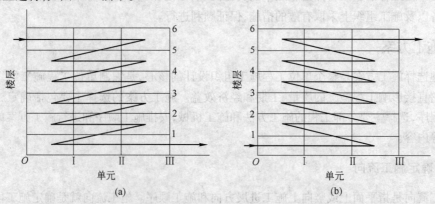

图 5-3　室内装饰施工流向

（a）自上而下的流向；（b）自下而上的流向

5.3.2 确定施工程序

施工程序是指单位工程中各分部工程施工的先后顺序。按照常规施工方法施工时的施工程序应遵循"先准备后施工,先地下后地上,先主体后围护,先结构后装饰"的原则确定。对于一些采用新的施工方法的新型结构,其施工程序可视具体情况确定,如升层建筑与大板建筑的装修先于结构,装修在预制或整体安装前已经完成,即为先装修后结构。

在确定装配式单层工业厂房的施工程序时,要考虑设备基础与厂房主体结构施工的先后顺序问题,根据情况选择采取"开敞式"施工或"封闭式"施工方案。

"封闭式"施工方案指在主体结构施工完成后再开始设备基础的施工。这种方案的优点在于:厂房基础施工和构件预制的工作面较宽敞,便于布置机械开行路线,可加快主体结构的施工进度;设备基础在室内施工,不受气候的影响;可提前安装厂房内的桥式吊车为设备基础施工服务。其缺点在于:设备基础的土方工程施工条件较差,不利于采用机械化施工;不能提前为设备安装提供条件,总工期较长;出现某些重复性工作,如厂房内部分柱基回填土的重复挖填和临时道路的重复铺设等。"开敞式"施工是先施工设备基础,后施工厂房主体结构。该方法的优缺点与"封闭式"施工方案正好相反。

确定工业厂房的施工方案时,应根据具体情况进行分析。一般而言,当设备基础较浅或其底部标高不低于柱基且不靠近柱基时,宜采用封闭式施工方案;当设备基础体积较大、埋置较深时,采取封闭式施工对主体结构的稳定性有影响时,则应采取开敞式施工方案。对于大而深的设备基础,如采取特殊的施工方法,如沉箱工艺,仍可采用封闭式施工方案。如果土建工程为设备安装创造了条件,同时又采取防止设备被砂浆、垃圾等污染损失的措施时,可采取主体结构与设备安装工程同步施工的平行施工方案,如水泥厂的建造。

5.3.3 确定施工工程的施工顺序

施工顺序是指各项工程或施工过程之间的先后次序。确定各施工过程的施工顺序,必须符合由建筑结构构造确定的工艺顺序,同时还要考虑施工组织、施工质量、采用的施工方法、安全技术的要求,以及当地气候条件等因素。施工顺序的确定应符合施工组织的客观规律,使各施工过程的工作队紧密配合,平行、搭接、穿插施工,既能保证施工的质量与安全,又能充分利用空间,争取时间,缩短工期。

现在以砖混结构建筑、钢筋混凝土结构建筑以及装配式工业厂房为例,分别介绍不同结构形式的施工顺序。

5.3.3.1 多层砖混结构民用房屋的施工顺序

多层砖混结构民用房屋的施工,一般可划分为基础工程施工、主体工程施工和装饰工程施工三个阶段,其一般的施工顺序如图5-4所示。

A 基础施工阶段

基础施工阶段是指室内地坪(±0.00)以下的工序项目,除有地下洞穴、地下障碍物和软弱地基需要处理的情况外,其施工顺序一般是:挖基槽(坑)→做混凝土垫层→基础施工→做防潮层→回填土。若有桩基,则在开挖前应施工桩基,若有地下室,则基础工程中应包括地下室的施工。

基槽(坑)开挖完成后,立即验槽做垫层,其时间间隔不能太长,以防止地基土长期暴露,被雨水浸泡而影响其承载力,即所谓的"抢基础"。在实际施工中,若由于技术或组织上的原因不能立即验槽做垫层时,应在开挖时预留20~30cm的土层,以保护地基土,待有条件进行下一步施

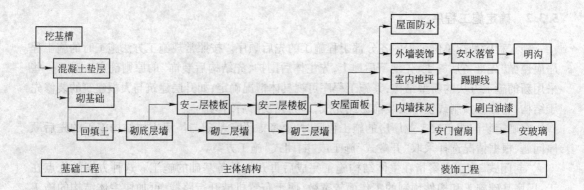

图 5-4　多层砖混结构民用房屋的施工顺序示意图

工时,再挖去预留的土层。

回填土一般是在基础工程完工之后立即进行,一次分层夯实填完。这样既可避免基础受雨水浸泡,又可以为主体结构工程阶段施工创造良好的工作条件,如它为搭外脚手架及底层砌墙创造了比较平整的工作面。房心回填土最好与基槽回填土同时进行施工,也可留在装饰工程之前完成。对于有局部现浇钢筋混凝土框架或现浇大梁的结构,房心回填土应尽早安排,以便为框架梁、板的模板支撑提供牢靠的地面。特别是当基础比较深,回填土量较大的情况下,回填土最好在砌墙以前填完,在工期紧张的情况下,也可以与砌墙平行施工。

B　主体结构工程阶段

多层砖混结构房屋主体结构工程的施工顺序一般为:搭脚手架→砌墙(包括安装门窗框、吊装预制门窗过梁)→现浇筑钢筋混凝土圈梁、局部大梁和板混凝土→安装楼板、楼梯和灌缝→浇筑雨篷等。其中砌墙和安装楼板的工程量大、用工多、工期长,是主体结构工程阶段的主导工序,故在组织砖混结构单个建筑物的主体结构工程施工时,应把主体结构工程归并成砌墙和吊装楼板两个主导施工过程来组织流水施工,使主导工序能连续进行。

在安排主体结构工程施工时,应同时安排楼梯的施工。若楼梯为预制时,其楼梯段的安装应与砌墙紧密配合;当为现浇楼梯时,则应与楼层施工紧密配合,以免由于混凝土的养护时间使后续工序无法如期进行而延误了工期。

C　装饰工程阶段

装饰工程施工阶段分项工程多、消耗的劳动量大,所占工期较长(约占总工期的 30% ~ 40%),其施工顺序的方案也较多。本阶段对砖混结构施工的质量有较大的影响,因而必须确定合理的施工顺序与方法来组织施工。装饰工程按其部位可划分为室内装饰、室外装饰和楼地面工程。

室内装饰工程在同一楼层上各工序的施工顺序一般为:顶棚内墙抹灰→楼地面→踢脚线→安装门窗扇→油漆门窗→安装玻璃→喷白或刷涂料等工序。其中顶棚内墙抹灰和楼地面装饰时主导工序,应尽量使其连续施工。

室内抹灰的施工顺序从整体上通常采用自上而下、自下而上、自中而下再自上而中三种施工方案。

(1)自上而下的施工顺序。该顺序通常在主体工程封顶做好屋面防水层后,由顶层开始逐层向下施工。其优点是主体结构完成后,建筑物已有一定的沉降时间,且屋面防水已做好,可防止雨水渗漏,保证室内抹灰的施工质量。此外,采用自上而下的施工顺序,交叉工序少,工序之间相互影响小,便于组织施工和管理,保证施工安全。其缺点是不能与主体工程搭接施工,因而工期较长。该施工顺序常用于多层建筑的施工。

(2)自下而上的施工顺序。该顺序通常与主体结构间隔二到三层平行施工。其优点是可以与主体结构搭接施工,所占工期较短。其缺点是交叉工序多,不利于组织施工和管理,也不利于安全控制。另外,上面主体结构施工用水,容易渗漏到下面的抹灰上,不利于室内抹灰的质量。该施工顺序通常用于高层、超高层建筑和工期紧张的工程。

(3)自中而下再自上而中的施工顺序。该顺序是结合了上述两种施工顺序的优缺点。

一般在主体结构进行到一半时,主体结构继续向上施工,而室内抹灰则向下施工,这样,使得抹灰工程距离主体结构施工的工作面越来越远,相互之间的影响也减小。该施工顺序常用于层数较多的工程施工。

室内同一层的天棚、墙面、地面的抹灰施工顺序通常有两种:一是"地面→天棚→墙面",这种顺序室内清理简便,有利于保证地面施工质量,且有利于收集天棚、墙面的落地灰,节省材料。但地面施工完成以后,需要一定的养护时间才能施工天棚、墙面,因而工期较长。另外,还需注意地面的保护。另一种是"天棚→墙面→地面",这种施工顺序的好处是工期短。但施工时,如不注意清理落地灰,会影响地面抹灰与基层的黏结,造成地面起拱。

楼梯和过道是施工时运输材料的主要通道,它们通常在室内抹灰完成以后,再自上而下施工。楼梯、过道室内抹灰全部完成以后,进行门窗扇的安装,然后进行油漆工程,最后安装门窗玻璃。

室外装饰工程各工序的施工顺序一般为:外墙面抹灰→安装落水管、明沟→散水、台阶。室外装饰的施工顺序一般为自上而下施工,同时拆除脚手架。

D 屋面工程

屋面工程的施工顺序总是按照屋面建筑构造的层次,由下向上逐层施工,屋面工程与室内外装饰工程可同时施工,相互影响不大。

E 水暖电卫工程

水暖电卫工程应与土建施工密切配合。基础施工时,最好将上下管沟做好,不具备条件时应预留位置;主体结构施工时,应预留有关孔洞沟槽和预埋件等;在装饰工程前,则应安设好各种管道和电气照明的墙内暗管、接线盒等,明线及设备安装可在抹灰后进行。

5.3.3.2 钢筋混凝土结构建筑的施工顺序

现浇钢筋混凝土结构建筑是目前应用最广泛的建筑形式,分为基础工程施工、主体工程施工、装饰工程施工和设备安装工程施工三个施工阶段。

A 基础工程施工

对于钢筋混凝土结构工程,其基础形式有:桩基础、独立基础、筏形基础、箱形基础以及复合基础等,不同的基础其施工顺序(工艺)不同。

(1)桩基础的施工顺序。对人工挖孔灌注桩,其施工顺序一般为:人工成孔→验孔→落放钢筋骨架→浇筑混凝土。对于钻孔灌注桩,其顺序一般为:泥浆护壁成孔→清孔→落放钢筋骨架→水下浇筑混凝土。对于预制桩其施工顺序一般为:放线定桩位→设备及桩就位→打桩→检测。

(2)钢筋混凝土独立基础的施工顺序。一般施工顺序为:开挖基坑→验槽→作混凝土垫层→扎钢筋支模板→浇筑混凝土→养护→回填土。

(3)箱形基础的施工顺序。施工顺序一般为:开挖基坑→作垫层→箱底板钢筋、模板及混凝土施工→箱墙钢筋、模板、混凝土施工→箱顶钢筋、模板、混凝土施工→回填土。在箱形、筏形基础施工中,土方开挖时应作好支护、降水等工作,防止塌方,对于大体积混凝土应采取措施防止裂缝产生。

B　主体工程施工顺序

对于主体工程的钢筋混凝土结构施工,总体上可以分为两大类构件。一类是竖向构件,如墙柱等,另一类是水平构件,如梁板等,因而其施工总的顺序为"先竖向再水平"。

(1)竖向构件施工顺序。对于柱与墙其施工顺序基本相同,即"放线→绑扎钢筋→预留预埋→支模板及脚手架→浇筑混凝土→养护"。

(2)水平构件施工顺序。对于梁板一般同时施工,其顺序为:放线→搭脚手架→支梁底模、侧模→扎梁钢筋→支板底模→扎板钢筋→预留预埋→浇筑混凝土→养护。

现在,随着商品混凝土的广泛应用,一般同一楼层的竖向构件与水平构件混凝土同时浇筑。

C　装饰与设备安装工程施工顺序

对于装饰工程,总体施工顺序与前面讲述的砖混结构装饰工程施工顺序相同,即"先外后内,室外由上到下,室内既可以由上向下,也可以由下向上"。对于多层、小高层或高层钢筋混凝土结构建筑,特别是高层建筑,为了缩短工期,其装饰和水、电、暖通设备是与主体结构施工搭接进行的,一般是主体结构做好几层后随即开始。装饰和水、电、暖通设备安装阶段的分项工程很多,各分项工程之间、一个分项工程中的各个工序之间,均需按一定的施工顺序进行。虽然由于有许多楼层的工作面,可组织立体交叉作业,基本要求与混合结构的装修工程相同,但高层建筑的内部管线多,施工复杂,组织交叉作业尤其要注意相互关系的协调以及质量和安全问题。

5.3.3.3　装配式单层工业厂房施工顺序

装配式钢筋混凝土单层厂房施工共分基础工程、预制工程、结构安装工程与围护及装饰工程这几个主要阶段。由于基础工程与预制工程之间没有相互制约的关系,所以相互之间就没有既定的顺序,只要保证在结构安装之间完成,并满足吊装的强度要求即可。各施工阶段的工作内容与施工顺序如图5-5所示。

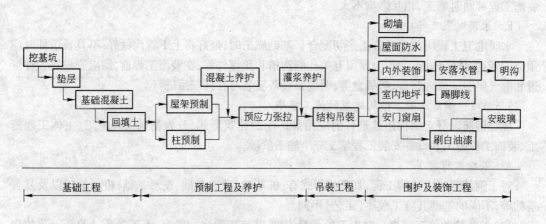

图 5-5　装配式钢筋混凝土单层工业厂房施工顺序示意图

A　基础工程阶段

装配式钢筋混凝土单层厂房的基础一般为现浇杯形基础。基本施工顺序是基坑开挖、做垫层、浇筑杯形基础混凝土、回填土。若是重型工业厂房基础,对土质较差的工程则需打桩或其他人工地基;如遇深基础或地下水位较高的工程,则需采取人工降低地下水位。

B　预制工程的施工顺序

单层工业厂房的预制构件有现场预制和工厂预制两大类。首先确定哪些构件在现场预制,哪些构件在构件厂预制。一般来说，像单层工业厂房的牛腿柱、屋架等大型不方便运输的构件在现场预制；屋面板、天窗、吊车梁、支撑、腹杆及连系梁等在工厂预制。

预制工程的一般施工顺序为：构件支模（侧模等）→绑扎钢筋（预埋件）→浇筑混凝土→养护。若是预应力构件，则应加上"预应力钢筋的制作→预应力钢筋张拉锚固→灌浆"。由于现场预制构件时间较长，为了缩短工期，原则上，先安装的构件如柱等应先预制。但总体上，现场预制构件如屋架、柱等应提前预制，以满足一旦杯形基施工完成，达到规定的强度后就可以吊装柱子，柱子吊装完成灌浆固定养护达到规定的强度后就可以吊装屋架，从而达到缩短工期的目的。

C　结构安装工程施工顺序

装配式单层工业厂房的结构安装是整个厂房施工的主导施工过程，一般的安装顺序为：柱子安装校正固定→连系梁的安装→吊车梁安装→屋盖结构安装（包括屋架、屋面板、天窗等）。在编制施工组织计划时，应绘制构件现场吊装就位图，起吊机的开行路线图，包括每次开行吊装的构件及构件编号图。

安装前应做好其他准备工作，包括构件强度核算、基础杯底抄平、杯口弹线、构件的吊装验算和加固、起重机稳定性及起重能力核算、起吊各种构件的索具准备等。单层厂房安装顺序有两种：一种是分件吊装法，即先依次安装和校正全部柱子，然后安装屋盖系统等。这种方式起重机在同一时间安装同一类型构件，包括就位、绑扎、临时固定、校正等工序并且使用同一种索具，劳动组织不变，可提高安装效率。缺点是增加起重机开行路线。另一种是综合吊装法，即逐个节间安装，连续向前推进。方法是先安装四根柱子，立即校正后安装吊车梁与屋盖系统，一次性安装好纵向一个柱距的节间。这种方式可缩短起重机的开行路线，并且可为后续工序提前创造工作面，实现最大搭接施工，缺点是安装索具和劳动力组织有周期性变化而影响生产率。上述两种方法在单层厂房安装工程中均有采用。一般实践中，综合吊装法应用相对较少。

对于厂房两端山墙的抗风柱，其安装通常也有两种方法。一种是随一般柱一起安装，即起重机从厂房一端开始，首先安装抗风柱，安装就位后立即校正固定。另一种方法是待单层厂房的其他构件全部安装完毕后，安装抗风柱，校正后立即与屋盖连接。

D　围护、屋面及其他工程施工

主要包括砌墙、屋面防水、地坪、装饰工程等，对这类工程可以组织平行作业，尽量利用工作面安排施工。一般当屋盖安装后先进行屋面灌缝，随即进行地坪施工，并同时进行砌墙，砌墙结束后跟着进行内外粉刷。

屋面防水工程一般应在屋面板安装后马上进行。屋面板吊装固定之后随即可进行灌缝及抹水泥砂浆，做找平层。若做柔性防水层面，则应等找平层干燥后再开始做防水层，在做防水层之前应将天窗扇和玻璃安装好并油漆完毕，还要避免在刚做好防水层的屋面上行走和堆放材料、工具等物，以防损坏防水层。

单层厂房的门窗油漆可以在内墙刷白以后马上进行，也可以与设备安装同时进行。地坪应在地下管道、电缆完成后进行，以免凿开嵌补。

以上针对砖混结构、钢筋混凝土结构及装配式单层工业厂房施工的施工顺序安排作了一般说明，是施工顺序的一般规律。在实践中，由于影响施工的因素很多，各具体的施工项目其施工条件各不相同，因而，在组织施工时应结合具体情况和本企业的施工经验，因地制宜地确定施工顺序组织施工。

5.3.4　确定施工方法

在选择主要的分部或分项工程施工方法时，应包括以下内容。

5.3.4.1　土石方工程

（1）计算土石方工程量，确定开挖或爆破方法，选择相应的施工机械。当采用人工开挖时应按工期要求确定劳动力数量，并确定如何分区分段施工。当采用机械开挖时应选择机械挖土的方式，确定挖掘机型号、数量和行走线路，以充分利用机械能力，达到最高的挖土效率。

（2）地形复杂的地区进行场地平整时，确定土石方调配方案。

（3）基坑深度低于地下水位时，应选择降低地下水位的方法，确定降低地下水所需设备。

（4）当基坑较深时，应根据土壤类别确定边坡坡度，边坡支护方法，确保安全施工。

5.3.4.2　基础工程

（1）基础需设施工缝时，应明确留设位置和技术要求。

（2）确定浅基础的垫层、混凝土和钢筋混凝土基础施工的技术要求或有地下室时防水施工技术要求。

（3）确定桩基础的施工方法和施工机械。

5.3.4.3　砌筑工程

（1）应明确砖墙的砌筑方法和质量要求。

（2）明确砌筑施工中的流水分段和劳动力组合形式等。

（3）确定脚手架搭设方法和技术要求。

5.3.4.4　混凝土及钢筋混凝土

（1）确定混凝土工程施工方案，如滑模法、爬升法或其他方法等。

（2）确定模板类型和支模方法。重点应考虑提高模板周转利用次数。节约人力和降低成本，对于复杂工程还需进行模板设计和绘制模板放样图或排列图。

（3）钢筋工程应选择恰当的加工、绑扎和焊接方法。如钢筋作现场预应力张拉时，应详细制订预应力钢筋的加工、运输、安装和检测方法。

（4）选择混凝土的制备方案，如采用商品混凝土，还是现场制备混凝土。确定搅拌、运输及浇筑顺序和方法，选择泵送混凝土和普通垂直运输混凝土机械。

（5）选择混凝土搅拌、振捣设备的类型和规格，确定施工缝的留设位置。

（6）如采用预应力混凝土应确定预应力混凝土的施工方法、控制应力和张拉设备。

5.3.4.5　结构吊装工程

（1）根据选用的机械设备确定结构吊装方法，安排吊装顺序、机械位置、开行路线及构件的制作、拼装场地。

（2）确定构件的运输、装卸、堆放方法，所需的机具、设备的型号、数量和对运输道路的要求。

5.3.4.6　装饰工程

（1）围绕室内外装修，确定采用工厂化、机械化施工方法。

（2）确定工艺流程和劳动组织，组织流水施工。

（3）确定所需机械设备，确定材料堆放、平面布置和储存要求。

5.3.4.7　现场垂直、水平运输

（1）确定垂直运输量（有标准层的要确定标准层的运输量），选择垂直运输方式，脚手架的选择及搭设方式。

（2）水平运输方式及设备的型号、数量，配套使用的专用工具、设备（如混凝土车、灰浆车、料斗、砖车、砖笼等），确定地面和楼层上水平运输的行驶路线。

（3）合理地布置垂直运输设施的位置，综合安排各种垂直运输设施的任务和服务范围，混凝土后台上料方式。

5.3.5 施工机械的选择

选择施工机械时应注意以下几点：

(1)首先选择主导工程的施工机械,如地下工程的土方机械,主体结构工程的垂直、水平运输机械,结构吊装工程的起重机械等。

(2)在选择辅助施工机械时,必须充分发挥主导施工机械的生产效率,要使两者的台班生产能力协调一致,并确定出辅助施工机械的类型、型号和台数。如土方工程中自卸汽车的载重量应为挖掘机斗容量的整数倍,汽车的数量应保证挖掘机连续工作,使挖掘机的效率充分发挥。

(3)为便于施工机械化管理,同一施工现场的机械型号尽可能少,当工程量大而且集中时,应选用专业化施工机械;当工程量小而分散时,可选择多用途施工机械。

(4)尽量选用施工单位的现有机械,以减少施工的投资额,提高现有机械的利用率,降低成本。当现有施工机械不能满足工程需要时,则购置或租赁所需新型机械。

5.3.6 施工方案的评价

工程项目施工方案选择的目的是要求适合本工程的最佳方案即方案在技术上可行,经济上合理,做到技术与经济相统一。对施工方案进行技术经济分析,就是为了避免施工方案的盲目性、片面性,在方案付诸实施之前就能分析出其经济效益,保证所选方案的科学性、有效性和经济性,达到提高质量、缩短工期、降低成本的目的,进而提高工程施工的经济效益。

5.3.6.1 评价方法

施工方案技术经济分析方法可分为定性分析和定量分析两大类。

定性分析只能泛泛地分析各方案的优缺点,如施工操作上的难易和安全与否;可否为后续工序提供有利条件;冬季或雨季对施工影响大小;是否可利用某些现有的机械和设备;能否一机多用;能否给现场文明施工创造有利条件等。评价时受评价人的主观因素影响大,故只用于方案初步评价。

定量分析法是对各方案的投入与产出进行计算,如劳动力、材料及机械台班消耗、工期、成本等直接进行计算、比较,用数据说话,比较客观,让人信服,所以定量分析是方案评价的主要方法。

5.3.6.2 评价指标

(1)技术指标。技术指标一般用各种参数表示,如深基坑支护中,若选用板桩支护,则指标有板桩的最小挖土深度、桩间距、桩的截面尺寸等。大体积混凝土施工时为了防止裂缝的出现,现浇筑方案的指标有:浇筑速度、浇筑厚度、水泥用量等。模板方案中的模板面积、型号、支撑间距等。这些技术指标,应结合具体的施工对象来确定。

(2)经济指标。主要反映为完成任务必须消耗的资源量,由一系列价值指标、实物指标及劳动指标组成。如工程施工成本消耗的机械台班台数,用工量及其钢材、木材、水泥(混凝土)等材料消耗量等,这些指标能评价方案是否经济合理。

(3)效果指标。主要反映采用该施工方案后预期达到的效果。效果指标有两大类:一类是工程效果指标,如工程工期、工程效率等,另一类是经济效果指标,如成本降低额或降低率,材料的节约量或节约率等。

5.4 单位工程施工进度计划

5.4.1 概述

5.4.1.1 进度计划的作用

单位工程施工进度计划是施工方案在时间上的具体反映,是指导单位工程施工的基本文件之一。它的主要任务是以施工方案为依据,安排单位工程中各施工过程的施工顺序和施工时间,使单位工程在规定的时间内,有条不紊地完成施工任务。

施工进度计划的主要作用是为编制企业季度、月度生产计划提供依据,也为平衡劳动力,调配和供应各种施工机械和各种物资资源提供依据,同时也为确定施工现场的临时设施数量和动力配备等提供依据。至于施工进度计划与其他各方面,如施工方法是否合理,工期是否满足要求等更是有着直接的关系,而这些因素往往是相互影响和相互制约的。因此,编制施工进度计划应细致地、周密地考虑这些因素。

5.4.1.2　进度计划的类别

(1)根据进度计划的表达形式,可以分为横道图计划、网络计划和时标网络计划。横道图计划形象直观,能直观知道工作的开始和结束日期,能按天统计资源消耗,但不能抓住工作间的主次关系,且逻辑关系不明确。网络计划能反映各工作间的逻辑关系,利于重点控制,但工作的开始与结束时间不直观,也不能按天统计资源。时标网络计划结合了横道计划和普通网络计划的优点,是实践中应用较普遍的一种进度计划表达形式。

(2)根据其对施工的指导作用的不同,可分为控制性施工计划和实施性施工进度计划两类。

控制性施工计划一般在工程的施工工期较长、结构比较复杂、资源供应暂无法全部落实的情况下采用,或者工程的工作内容可能发生变化和某些构件(结构)的施工方法暂还不能全部确定的情况下采用。这时不可能也没有必要编制较详细的施工进度计划,往往就编制以分部工程项目为划分对象的施工进度计划,以便控制各分部工程的施工进度。但在进行分部工程施工前应按分项工程编制详细的施工进度计划,以便具体指导分部工程的现场施工。

实施性施工进度计划是控制性施工进度计划的补充,是各分部工程施工时施工顺序和施工时间的具体依据。该类施工进度计划的项目划分必须详细,各分项工程彼此间的衔接关系必须明确。它的编制可与编制控制性进度计划同时进行,有的可缓些时候,待条件成熟时再编制。对于比较简单的单位工程,一般可以直接编制出单位工程施工进度计划。

这两种计划形式是相互联系互为依据的。在实践中可以结合具体情况来编制。若工程规模大,而且复杂,可以先编制控制性的计划,接着针对每个分部工程来编制详细的实施性的计划。

5.4.2　进度计划编制依据

编制进度计划的主要依据有:

(1)施工总工期及开、竣工日期。

(2)经过审批的建筑总平面图、地形图、单位工程施工图、设备及基础图、适用的标准图及技术资料。

(3)施工组织总设计对本单位工程的有关规定。

(4)施工条件、劳动力、材料、构件及机械供应条件,分包单位情况等。

(5)主要分部分项工程的施工方案。

(6)劳动定额、机械台班定额及本企业施工水平。

(7)工程承包合同及业主的合理要求。

(8)其他有关资料。如当地的气象资料等。

5.4.3　进度计划的编制程序与步骤

5.4.3.1　编制程序

单位工程施工进度计划编制的一般程序如图 5-6 所示。

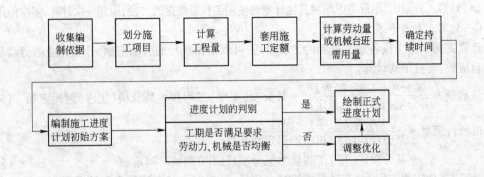

图 5-6 单位工程施工进度计划编制程序

5.4.3.2 编制步骤

A 划分施工过程

施工过程是进度计划的基本组成单元,其划分的粗与细,适当与否关系到进度计划的安排,因而应结合具体的施工项目来合理地确定施工过程。这里的施工过程主要包括直接在建筑物(或构筑物)上进行施工的所有分部分项工程,不包括加工厂的预制加工及运输过程。即这些施工过程不进入到进度计划中,可以提前完成,不影响进度。在确定施工过程时,应注意以下几个问题:

(1)施工过程划分的粗细程度,主要取决于进度计划的客观需要。编制控制性进度计划时,施工过程应划分得粗一些,通常只列出分部工程名称。编制实施性施工进度计划时,项目要划分得细一些,特别是其中的主导工程和主要分部工程,应尽量详细而且不漏项以便于指导施工。

(2)施工过程的划分要结合所选择的施工方案。施工方案不同,施工过程的名称、数量和内容也会有所不同。

(3)适当简化施工进度计划内容,避免工程项目划分过细、重点不突出。编制时可考虑将某些穿插性分项工程合并到主要分项工程中去,如安装门窗框可以并入砌墙工程。对于在同一时间内,由同一工程队施工的过程可以合并为一个施工过程,而对于次要的零星分项工程,可合并为"其他工程"一项。

(4)水暖电卫工程和设备安装工程通常由专业施工队负责施工。因此,在施工进度计划中只要反映出这些工程与土建工程如何配合即可,不必细分,一般采用此项目穿插进行。

(5)所有施工过程应大致按施工顺序先后排列,所采用的施工项目名称可参考现行定额手册上的项目名称。

总之,划分施工过程要粗细得当,最后根据划分的施工过程列出施工过程一览表以供使用。

B 计算工程量

工程量计算应严格按照施工图纸和工程量计算规则进行。当编制施工进度计划时如已经有了预算文件,则可直接利用预算文件中有关的工程量。若某些项目的工程量有出入但相差不大时,可结合工程项目的实际情况做一些调整或补充。计算工程量时应注意以下几个问题:

(1)各分部分项工程的计算单位必须与现行施工定额的计量单位一致,以便计算劳动量和材料、机械台班消耗量时直接套用。

(2)结合分部分项工程的施工方法和技术安全的要求计算工程量。例如,土方开挖应考虑土的类别、挖土的方法、边坡护坡处理和地下水的情况。

(3)结合施工组织的要求,分层、分段计算工程量。

（4）计算工程量时，尽量考虑编制其他计划时使用工程量数据的方便，做到一次计算，多次使用。

C　计算劳动量和机械台班数

计算完每个施工段各施工过程的工程量后，可以根据现行的劳动定额，计算相应的劳动量和机械台班数，可按下式计算。

$$劳动量 = \frac{某分项（工序）工程量}{某分项（工序）产量定额} = 某分项（工序）工程量 \times 某分项（工序）时间定额 \quad (5\text{-}1)$$

$$机械台班量 = \frac{某分项（工序）工程量}{某分项（工序）机械产量定额}$$

$$= 某分项（工序）工程量 \times 某分项（工序）机械时间定额 \quad (5\text{-}2)$$

对于"其他工程"项目的劳动量或机械台班量，可根据合并项目的实际情况进行计算。实践中常根据工程特点，结合工地和施工单位的具体情况，以总劳动量的一定比例估算，一般约占总劳动量的 10% ～20%。

当某一分项工程是由若干具有同一性质而不同类型的分项工程合并而成时，应根据各个不同分项工程的劳动定额和工程量，按合并前后总劳动量不变的原则计算合并后的综合时间定额（或综合产量定额）。计算公式如下：

$$S = \frac{Q_1 S_1 + Q_2 S_2 + \cdots + Q_n S_n}{Q_1 + Q_2 + \cdots + Q_n} \quad (5\text{-}3)$$

式中　　　S——综合时间定额；

$Q_1, Q_2, \cdots, Q_n$——组成某分部工程的各分项工程量；

$S_1, S_2, \cdots, S_n$——组成某分部工程的各分项工程时间定额。

对于有些新技术或特殊的施工方法无定额可遵循，此时，可将类似项目的定额进行换算或根据经验资料确定，或采用三点估计法确定综合定额。三点估计法计算式如下：

$$S = \frac{a + 4m + b}{6} \quad (5\text{-}4)$$

式中　S——综合产量定额；

a——最乐观估计的产量定额；

b——最保守估计的产量定额；

m——最可能估计的产量定额。

D　确定各施工过程的持续时间

计算出各施工过程的劳动量（或机械台班）后，可以根据现有的人力或机械来确定各施工过程的作业时间。

E　编制进度计划初始方案

根据"施工方案的选择"中确定的施工顺序，各施工过程的持续时间，划分的施工段和施工层并找出主导施工过程，按照流水施工的原则来组织流水施工，绘制初始的横道图或网络计划，形成初始方案。

F　施工进度计划的检查与调整

无论采用流水作业法还是网络计划技术，施工进度计划的初始方案均应进行检查、调整和优化。其主要内容有：

（1）各施工过程的施工顺序、平行搭接和技术组织问题是否合理。

（2）编制的计划工期能否满足合同规定的工期要求。

（3）劳动力和物资资源方面是否能保证均衡、连续施工。

根据检查结果，对不满足要求的进行调整，如增加或缩短某施工过程的持续时间；调整施工方法或施工技术组织措施等。总之通过调整,在满足工期的条件下,达到使劳动力、材料、设备需要趋于均衡,主要施工机械利用合理的目的。

此外,在施工进度计划执行过程中,往往会因人力、物力及现场客观条件的变化而打破原定计划,因此,在施工过程中,应经常检查和调整施工进度计划。

5.5 资源需求计划的编制

施工进度计划确定之后,可根据各工序及持续期间所需资源编制出材料、劳动力、构件、半成品,施工机具等资源需要量计划,作为有关职能部门按计划调配的依据,以利于及时组织劳动力和物资的供应,确定工地临时设施,以保证施工顺利地进行。

5.5.1 劳动力需要量计划

将各施工过程所需要的主要工种劳动力,根据施工进度的安排进行统计,就可编制出主要工种劳动力需要计划,如表 5-1 所示。它的作用是为施工现场的劳动力调配提供依据。

表 5-1　劳动力需要量计划

序　号	工种名称	总劳动量/工日	每月需要量/工日					
			1	2	3	4	5	6

5.5.2 主要材料需要量计划

材料需要量计划主要为组织备料、确定仓库或堆场面积及组织运输之用。其编制方法是将施工预算中工料分析表或进度表中各项过程所需用材料,按材料名称、规格、使用时间并考虑到各种材料消耗进行计算汇总而得,如表 5-2 所示。

表 5-2　材料需要量计划

序　号	材料名称	规　格	需要量	供应时间	备　注

5.5.3 构件和半成品需要量计划

建筑结构构件、配件和其他加工半成品的需要量计划主要用于落实加工订货单位,并按照所需规格、数量、时间,组织加工、运输和确定仓库或堆场,可根据施工图和施工进度计划编制,其表格形式如表 5-3 所示。

表 5-3　建筑结构构件、配件和其他加工半成品的需要量计划

序号	构件、配件及半成品名称	规格	图号	需要量		使用部位	加工单位	供应日期	备注
				单位	数量				

5.5.4　施工机械需要量计划

根据施工方案和施工进度计划确定施工机械的类型、数量、进场时间。其编制方法是将施工进度计划表中每个施工过程、每天所需的机械类型、数量和施工工期进行汇总,以得出施工机械的需要计划,如表5-4所示。

表5-4　施工机械需要量计划

序号	机械名称	类型、型号	需要量		货源	使用起止时间	备注
			单位	数量			

5.6　施工现场平面图布置

单位工程施工现场平面图是施工时施工现场的平面规划与布置图,它是单位工程施工组织设计的主要组成部分。一张好的施工平面布置图,将会提高施工效率,保证施工进度计划有条不紊地顺利实施。反之,如果施工平面图设计不周或施工现场管理不当,都将会导致施工现场的混乱,直接影响施工进度、劳动生产率和工程成本。因此,在施工组织设计中,对施工平面图设计应予以重视。单位工程施工平面图设计的主要依据是单位工程的施工方案和施工进度计划,一般按1∶200～1∶500的比例绘制。如果单位工程是拟建建筑群的组成部分时,它的施工平面图就属于全工地施工平面图的一部分。在这种情况下,它要受到全场性施工总平面图的约束。

5.6.1　施工现场平面图的内容

单位工程施工现场平面图是用以指导单位工程施工的现场平面布置图,它涉及与单位工程有关的空间问题,是施工总平面图的组成部分。单位工程施工平面图设计的主要依据是单位工程的施工方案和施工进度计划,一般按1∶100～1∶500的比例绘制。施工平面图应标明的内容一般有:

(1)建筑平面图上已建和拟建的地上及地下一切建筑物、构筑物和管线。

(2)测量放线标桩,地形等高线,土方取弃场地。

(3)起重机轨道和开行路线以及垂直运输设施的位置。

(4)材料、加工半成品、构件和机具堆场。

(5)生产、生活用临时设施,并附一览表。一览表中应分别列出临时设施的名称、规格和数量。

(6)安全、防火、文明施工设施。

5.6.2　施工现场平面图的设计依据

编制施工现场平面图时可参考的依据有:

(1)各种设计资料,包括建筑总平面图、地形地貌图、区域规划图、建筑项目范围内有关的一切已有和拟建的各种设施位置。

(2)建设地区的自然条件和技术经济条件。

(3)建设项目的建筑概况、施工方案、施工进度计划,以便了解施工阶段情况,合理规划施工场地。

（4）各种建筑材料构件、加工品、施工机械和运输工具需要量一览表，以便规划工地内部的储放场地和运输线路。

（5）各构件加工厂规模、仓库及其他临时设施的数量和轮廓尺寸。

施工现场平面图在布置时应当遵循以下原则：

（1）施工平面布置应紧凑合理，尽量坚守施工用地；

（2）尽可能利用已有建筑物和构筑物，降低临时建筑和设施的建造费用；

（3）尽量采用装配式施工设施，减少搬迁费用和损失，提高施工设施安拆速度；

（4）保证现场运输道路合理、通畅，道路的设置要满足消防要求；

（5）各种施工设施、堆场、加工厂等的布置应便于施工活动，有利于生活，且应满足安全、消防、环境保护等的要求。

5.6.3 施工现场平面图布置的步骤

5.6.3.1 确定起重机械的数量和位置

起重机械的数量根据选用的起重机械的生产能力、项目施工时需要起吊运输的材料机具的数量等进行确定。确定起重机数量时可采用式（5-5）进行计算。

$$N = \frac{\sum Q}{S} \tag{5-5}$$

式中 N——起重机的数量；

$\sum Q$——垂直运输高峰期每班要求的运输总次数；

S——每台起重机每班可运输的次数。

施工现场所有的起重机械可分为固定式和移动式两种。其中，移动式起重机又可分为有轨式和无轨式两种。固定式起重机械，如龙门架、井架、附着式塔式起重机等，位置应根据机械性能、建筑物屏幕尺寸、施工段的划分和材料运输要求具体确定。移动有轨式起重机械，如轨道式塔式起重机，位置应根据建筑物平面尺寸、起吊物重量和起重机起吊能力具体确定。移动无轨式起重机械，如履带式起重机、轮胎式起重机，位置要根据建筑物屏幕尺寸、构件重量、安装高度和吊装方法具体确定。

5.6.3.2 确定搅拌站、材料堆场、仓库和加工厂的位置

搅拌站的材料堆场的位置与起重机械的类型和位置有关。施工时若采用固定式起重机械，搅拌站及材料堆场要靠近起重机械；当采用移动式有轨起重机时，搅拌站及材料堆场应在起重半径范围内；当采用移动式无轨起重机时，应将其沿起重机械开行路线和起重半径范围布置。仓库的位置，应根据其材料使用地点优化确定。各种加工厂位置应根据加工材料使用地点，以不影响主要工种工程施工为原则，通过不同方案优选来确定。

5.6.3.3 确定现场主要运输道路

施工现场的施工道路要进行合理规划和设置，可利用设计中永久性的施工道路。如采用临时施工道路，主要道路和大门口要硬化处理，包含基层夯实，路面铺垫焦渣、细石，并随时洒水，减少道路扬尘。施工现场要有道路指示标志，人行道、车行道应坚实平坦，保持畅通。应尽量采用单行线和减少不必要的交叉点，道路宽度应不小于3.5m，载重汽车的弯道半径，一般应该不小于15m，特殊情况不小于10m，道路两侧要设置排水沟，保持路面排水畅通。现场的道路不得任意挖掘和截断。如因工程需要，必须开挖时，也要与有关部门协调一致，并将通过道路的沟渠，搭设能确保安全的桥板，以保道路的畅通。

5.6.3.4　临时宿舍、文化福利及公用事业房屋与构筑物等的布置

临时宿舍、文化福利及公用事业房屋与构筑物、办公室的布置应方便现场施工,有利于工人及管理人员的生活,同时要满足安全防火、劳动保护等的要求。为降低工程施工成本,可尽量利用已有建筑物或采用装配式施工板房。

5.6.3.5　确定水电管网

A　现场临时用水设计

现场临时供水主要由三部分组成:现场施工用水、施工现场生活用水和消防用水。施工用水的设计,一般包括三个步骤:计算现场临时用水量、选择水源、水管网设计。

a　现场临时用水量的计算

现场施工用水量(q_1),包括现场施工用水、施工机械、运输机械和动力设备用水,以及附属生产企业用水等。

$$q_1 = K_1 \frac{\sum Q_1 \cdot N_1}{T_1 \cdot t} \cdot \frac{K_2}{8 \times 3600}$$

式中　K_1——不可预见施工用水系数,取 $1.05 \sim 1.15$;

K_2——施工项目施工用水不均匀系数,取 1.5;

Q_1——年季度工程量;

N_1——施工用水定额;

t——每天工作班数;

T_1——年季度有效工作日。

现场生活用水(q_2),指施工现场生活用水和生活区的用水。

$$q_2 = K_1 \sum Q_2 N_2 \frac{K_3}{8 \times 3600}$$

式中　q_2——机械用水量;

K_1——未预计施工用水系数($1.05 \sim 1.15$);

Q_2——同一种机械台数(台);

N_2——施工机械台班用水定额;

K_3——施工机械用水不均衡系数。

消防用水量(q_3),消防用水量取决于工地的大小和各种房屋、构筑物的结构性质、层数和防火等级等。施工现场消防用水计算时,当施工现场面积在 250000m^2 以下,一般取 $0.01 \sim 0.015 \text{m}^3/\text{s}$ 计算;当面积在 250000m^2 以上时,按每增加 200000m^2 需水量增加 $0.005 \text{m}^3/\text{s}$ 计算。生活区消防用水量则根据居民人数确定。当人数在 5000 人以下时,消防用水量取 $0.01 \text{m}^3/\text{s}$;当人数在人 10000 人以下时,取 $0.01 \sim 0.015 \text{m}^3/\text{s}$。

计算总用水量时,当$(q_1 + q_2) \leqslant q_3$ 时,$Q = q_3 + \frac{1}{2}(q_1 + q_2)$;当$(q_1 + q_2) > q_3$ 时,$Q = q_1 + q_2$;当施工现场面积小于 $5ha$,且$(q_1 + q_2) < q_3$ 时,$Q = q_3$,最后计算出的总用水量还应增加 10%,以补偿不可避免的水管漏水损失。

b　选择临时供水水源

施工现场临时供水水源,最好利用附近现有的供水管道,当施工现场附近没有现成供水管道或现有管道无法利用时,可选择井水、河水、地表水等天然水源。选择水源时应考虑的因素有:水量应充沛可靠,能满足施工现场最大用水量;生产和生活用水的水质应分别符合相应的水质标准要求;取水、输水设备、净水设备要安全经济。

　　c 配水管网布置

　　配水管网布置的原则是在保证连续供水的情况下,管道铺设越短越好。分区域施工时,应按施工区域布置,并同时还应考虑到,在工程进展中各段管网应便于移置。临时给水管网的布置有环式管网、枝式管网、混合式管网三种方案。枝式管网布置的管网总长度最小,是临时给水管网布置常采用的一种方式;环式管网所铺设的管网总长度较大,但最为可靠,可保证连续供水;混合式总管采用环式,支管采用枝式,可以兼有以上两种方案的优点。

　　临时水管的铺设,可用明管或暗管。以暗管最为合适,它既不妨碍施工,又不影响运输工作。在严寒地区,暗管应埋设在冰冻线以下,明管应加强保温,通过道口的部分,应考虑地面上重型机械的荷载对管道的影响。

　　B 临时用电设计

　　建筑施工现场大量的机械设备和设施需要用电,保证供电及其安全是施工顺利进行的重要措施,施工现场临时供电包括动力用电和照明用电两种,动力用电通常包括土建用电及设备安装工程和部分设备试运转用电,照明用电是指施工现场和生活区的室内外照明用电。临时用电设计包括用电量计算、电源和变压器选择、配电线路的布置与导线截面。

　　a 用电量计算

　　计算用电量时,应考虑的因素有:整个施工现场使用的机械动力设备、电气工具及照明用电的数量;施工进度计划中施工用电高峰期同时用电的机械设备数量;各种用电机械设备在施工中的使用情况。施工现场供电设备总需要量可由下式计算:

$$P = 1.05 + 1.10 \left(K_1 \frac{\sum P_1}{\cos\varphi} + K_2 \sum P_2 + K_3 \sum P_3 + K_4 \sum P_4 \right)$$

式中　　P_1——电动机额定功率,kW;

　　　　P_2——电焊机额定功率,kW;

　　　　P_3——室内照明容量,kW;

　　　　P_4——室外照明容量,kW;

　　　$\cos\varphi$——电动机的平均功率因数(在施工现场最高为 0.75~0.78,一般为 0.65~0.75);

　K_1, K_2, K_3, K_4——需要系数,一般取 0.5~1.0。

　　b 选择电源及确定变压器

　　建筑施工的电力来源,可以利用施工现场附近已有的电网。如附近无电网,或供电不足时则需自备发电设备。临时变压器的设置地点,取决于负荷中心的位置和工地的大小与形状。当分区设置时应按区计算用电量。

　　c 布置配电线路与导线截面

　　配电线路的布置与给水管网相似,也可分为枝式、环式及混合式。其优缺点与给水管网相似。工地电力网,一般 3~10kV 的高压线路采用环式;380/220V 的低压线采用枝式。配电线路的计算及导线截面的选择,应满足机械强度及安全电流强度的要求。安全电流是指导线本身温度不超过规定值的最大负荷电流。

5.7 质量、安全、进度、成本及文明施工措施

5.7.1 质量保证体系与保证措施

5.7.1.1 质量目标

　　建设工程质量控制的目标,就是通过有效的质量控制工作和具体的质量控制措施,在满足投

资和进度要求的前提下,实现工程预定的质量目标。在单位工程施工组织设计中应根据工程项目的施工质量要求和特点,确定单项(单位)工程的施工质量控制目标。质量目标分为"优良"和"合格",确定的目标应逐层分解,作为确定施工质量控制点的依据。

　　5.7.1.2　质量控制的组织结构

　　科学高效的质量控制组织机构是施工顺利、成功进行的组织保证。质量控制组织机构是一个质量管理网络系统,应由项目经理领导,由总工程师策划并组织实施,现场各专业项目经理协调控制,专业责任工程师监督管理。组织结构的建立包括机构的设计与职能划分、人员配备及岗位职责的确定。

　　5.7.1.3　质量控制措施

　　编制质量控制措施时首先应根据工程施工质量目标的要求,对影响施工质量的关键环境、部位和工序设置质量控制点,然后针对各控制点制定质量控制措施。质量控制措施一般包括:材料、半成品、预制构件和机具设备质量检查验收措施;主要分部、分项工程质量控制措施;各施工质量控制点的跟踪监控办法等。

5.7.2　安全计划及保证措施

　　5.7.2.1　安全管理目标

　　安全管理目标是实现安全施工的行动指南。安全管理目标在设定时应坚持"安全第一,预防为主"的安全方针,突出重大事故,负伤频率,施工环境标准合格率等方面的指标,在施工期间杜绝一切重大安全事故。制定的目标一般略高于施工项目管理者的能力和水平,使之经过努力可以完成。如可设定安全目标为"五无目标",即"无死亡事故,无重大伤人事故,无重大机械事故,无火灾,无中毒事故"。

　　5.7.2.2　安全生产管理体系

　　安全生产管理体系主要包括安全工作中的安全管理小组的组建及其职能划分;安全生产责任制;安全检查制度、安全教育制度等。如安全生产责任制包括:安全生产领导小组领导全面的安全工作,主要职责是领导建筑工程公司开展安全教育,贯彻宣传各类法规,通知和上级部门的文件精神,制订各类管理条例,每周对各项目工程进行安全工作检查、评比,处理有关较大的安全问题;项目部成立的安全管理小组,设专职安全员,主要职责是负责进行对工人的安全技术交底,贯彻上级精神,检查工程施工安全工作,召开工程安全会议一次,制订具体的安全规程和违章处理措施,并向公司安全领导小组汇报;各作业班组应设立兼职安全员,主要是带领各班组认真操作,对工人耐心指导,发现问题及时处理并及时向安全管理小组汇报工作。

　　5.7.2.3　施工现场安全管理

　　施工现场安全管理包括现场施工人员安全行为的管理、劳务用工的管理。施工现场实行封闭管理,施工安全防护措施应当符合建设工程安全标准。施工单位应当根据不同施工阶段和周围环境及天气条件的变化,采取相应的安全防护措施。施工单位应当在施工现场的显著或危险部位设置符合国家标准的安全警示标牌。施工现场安全措施一般应包括:一般性施工安全措施;高处作业劳动保护措施;脚手架安全措施;垂直运输机械设备安全运转措施;洞口临边防护措施;施工机械安全防护措施;现场临时用电安全措施;重点施工阶段安全防护措施等。

　　5.7.2.4　消防管理措施

　　施工单位应当根据《中华人民共和国消防法》的规定,建立健全消防管理制度,在施工现场设置有效的消防措施。在火灾易发生部位作业或者储存、使用易燃易爆物品时,应当采取特殊消防措施。

5.7.2.5　职业健康安全管理保证措施

职业健康安全生产管理体制是根据国家职业健康安全生产方针、政策和法规,保障职工在生产过程中的职业健康安全的一种制度。职业健康安全管理保证措施是指明确项目经理部及各级人员和各职能部门职业健康安全生产工作的责任,制定现场职业健康控制项目和制度,保障现场施工人员和职工在生产中的职业健康安全。

5.7.3　进度保证措施

施工进度保证措施指对在编制出的施工进度计划的基础上,提出进度计划的控制和协调方法,保证施工进度按既定的计划进行。施工进度保证措施一般应包括:确定施工项目总进度控制目标和分进度控制目标;确定施工进度计划管理体系,建立动态计划模式;制定针对性措施和协调管理措施;明确施工进度奖惩办法等。

5.7.4　成本保证措施

施工项目的成本保证措施应针对劳动力管理、机械设备管理、物资采购和使用管理及经济技术等方面制定具体的成本保证措施和成本降低方法。如:劳动力管理方面,应建立合理用工制度,实施记工考勤,进行劳务承包,定期进行技术技能培训,提供工人的生产效率;机械设备管理方面,应对施工现场的机械设备进行统一管理,统筹安排,提高机械设备的利用率。

5.7.5　文明施工措施

现场文明施工由项目经理部统一领导和管理,制定文明施工措施,争创文明工地。文明施工措施包括:现场文明施工组织管理机构的组建;文明施工现场场容布置;环境卫生管理;制定防止扰民措施等。

单位工程施工组织设计示例

A　编制依据

(1)施工合同;

(2)施工图纸;

(3)主要法律、法规、规范和规程;

(4)相关图集和技术标准。

B　工程概况

××大学工程大楼,总建筑面积为 $8623m^2$ (含地下建筑面积 $1860m^2$),地上六层,地下一层。工程大楼南北长 48.6m,东西宽 32.6m,建筑面积呈矩形。建筑高度 23.10m,室内外高差 150mm,室内标高 ±0.000m(相当于绝对标高 417.70m)。各楼层层高及房屋用途如表1所示。

表1　房屋用途表

层　数	层高/m	房　屋　用　途
地下室	4.5	大型实验室,试验教室,标准室,配变电室,实验设备室
一　层	5.1	实验室,试验机房
二　层	3.6	测试室,资料室,办公室
三　层	3.6	实验室
四　层	3.6	多功能厅,重点实验室,主任办公室,机房
五　层	3.6	工程计算中心,教师机房,实验演示室
六　层	3.6	实验室,计算中心工作室,教师机房
机房层	3.9	库房,电梯机房,配电室

现浇钢筋混凝土剪力墙结构,基础埋深 -6.350 m,建筑抗震设防类别为丙类,抗震设防烈度为八度,剪力墙抗震等级为一级,框架抗震等级为二级,安全等级为二级,设计使用年限为 50 年。

基础结构类型为柱下桩基,基础从底板至 -0.350 m 设置后浇带。

墙体 ±0.000 m 以上外墙采用 240mm 厚非承重大孔黏土砖,内墙隔离采用 190mm 厚非承重大孔黏土砖,砂浆采用 M5 混合砂浆。卫生间、管道井 120mm 墙采用 Mu10 实心黏土砖,砂浆采用 M10 水泥砂浆。

C　施工项目经理的遴选与职责

a　项目经理部成员选择原则

(1)公开、公平、竞争、择优的原则。

(2)量才使用,德才兼备。

(3)动态管理原则,在职期内实行动态管理、考核,不合格者下岗。

b　项目经理部主要组成人员

项目经理部主要组成人员见表 2。

表 2　项目经理部主要组成人员一览表

序号	姓名	性别	学历	职　务	职　称	备　注
1	×××	男	本科	项目经理	工程师	一级建造师
2	×××	男	本科	项目副经理	工程师	一级建造师
3	×××	男	本科	项目副经理	工程师	二级建造师
4	×××	男	本科	总工程师	高级工程师	高级工程师
5	×××	男	本科	生产工长	工程师	工程师
6	×××	男	大专	土木工长	助理工程师	上岗证
7	×××	男	大专	钢筋工长	助理工程师	上岗证
8	×××	男	大专	混凝土工长	助理工程师	上岗证
9	×××	男	大专	电气工长	电气工程师	工程师
10	…	…	…	…	…	…

c　施工项目经理部人员职责

1. 项目经理职责

(1)保证质量目标、费用目标和进度目标的实现,做到安全、文明施工。

(2)认真执行国家和上级的有关法律、法规和政策及公司的各项管理制度。

(3)组织编制项目施工方案,包括工程进度计划和技术方案,制定安全生产和保证质量措施,并组织实施。

(4)根据公司年(季)度施工生产计划,组织编制季(月)度施工计划,包括劳动力、材料、构件和机械设备的使用计划,据此与有关部门签订供需合同,并严格履行。

(5)科学组织和管理进入项目工地的人、财、物、资源,做好人力、物力和机械设备的调配与供应,及时解决施工中出现的问题。

(6)严格财经制度,加强财务管理,正确处理项目、企业、用户和国家的利益关系。

(7)组织制定项目经理部各类管理人员的职责权限和各种规章制度,搞好与公司机关各职能部门的业务联系和经济往来,定期向公司经理报告工作。

(8)对工程项目有用人、财务、采购设备、物资的决策权和统一调配使用权。

（9）有对与项目部班子及施工班组的工资、奖金的分配权以及按合同规定对工地职工辞退、奖惩权。

（10）认真执行项目经理同施工企业签订的内部承包合同规定的各项条款，及同业主签订的合同中规定的质量、工期、文明工地、施工等各项条款。

（11）严格执行有关技术规范和标准，确保合同目标实现。

2. 项目副经理职责　（略）

3. 项目总工程师职责　（略）

4. 质量技术组职责　（略）

5. 质量安全组职责　（略）

6. 物流设备组职责　（略）

7. 财务预算组职责　（略）

8. 生产班组长职责　（略）

D　施工准备

a　调查研究收集资料

收集研究与施工活动有关的资料，可使施工准备工作有的放矢，施工资料的调查收集主要包括：

（1）原始资料调查。主要是对施工现场的调查、工程地质、水文地质的调查，气象资料的调查、周围环境及障碍物的调查。

（2）收集给排水资料。调查当地现有水源的连接地点，接管距离水压、水质、水费及供水能力、与现场用水连接的可能性供电情况。

（3）收集交通运输资料避免大件运输对正常交通产生干扰。

（4）收集三材资料，地方材料及装饰材料，以确定材料的供应计划、加工方式、储存和堆放场地及建造临时设施的依据。

（5）了解当地可能提供的劳动力人数及生活条件，调查拟定劳动力，安排计划，建立职工生活基地，搭设临时设施。

b　技术准备

（1）组织工程技术人员了解和掌握图样的设计意图，构造特点和技术要求；全面熟悉和掌握施工图的全部内容，进行图样自审，再与设计单位进行图纸会审；复核审查施工图纸设计内容的正确性和完整性是否符合国家有关技术政策、法规；复审图纸是否完整、齐全，尺寸、坐标、标高和说明方面是否一致，技术要求是否明确；掌握工程特点，掌握需要采用的新技术、新资料，并对设计资料不足之处提出合理化建议。

（2）编制施工组织设计项目质量计划和分项工程施工方案，阐明施工工艺和主要项目施工方法，编制进度计划，明确开、竣工时间。

（3）组织专业人员编制施工图预算，提供预算材料设备、劳动力、构配件等需要量，确定供货日期。

（4）根据施工图预算，施工图样，施工组织设计、施工定额等编制施工预算。

（5）组织有关技术人员对模板进行翻样设计，并绘制模板图和钢筋翻样配料单，为钢筋加工绑扎和模板制作、安装创造条件。

c　施工物资准备

（1）根据预算的工料分析，按施工进度计划的使用要求，材料储备定额和消耗定额分别按材料名称、规格、使用时间进行汇总，编制材料需要量计划，并根据不同材料的供应情况及时组织货源保证采购供应计划的准确可行。材料进场后按分期分批进行贮藏,合理堆放,避免材料混淆和变质、损坏。

(2)各种构配件在图纸会审后要立即提出预制加工单,确定加工方案、供应渠道及进场后的储存地点和方式。

(3)根据采用的施工方案和施工进度计划确定施工机械类型、数量和进场时间,确定施工机具的供应方法和进场后存放地点和方式,提出施工机具需要量计划。

(4)对周期性材料要分规模、型号整齐合理堆放。

d　劳动组织准备

(1)根据工程规模、结构特点和复杂程度确定项目经理,建立项目经理部。

(2)制定劳动力需要计划,根据开工日期和劳动力需要量计划组织劳动力进场,并根据工程实际进度要求动态的增减劳动力数量。

(3)施工前,对施工队伍进行劳动纪律、施工质量和安全教育,对采用新工艺、新结构、新材料、新技术的工程组织有关人员培训,使其达到标准后再上岗操作。

(4)向施工队和工人进行施工组织和技术交底,包括:工程进度计划月(旬)作业计划,施工工艺质量标准,安全技术措施,验收规范等。

(5)对职工的衣、食、住、行、医疗、文化、生活等后勤供应和保障工作要在施工队伍集结前做好充分准备。

e　现场准备

(1)中标后,先遣管理人员立即进驻现场与建设单位联系、组织现场接收工作,办理交接事项。

(2)搞好"三通一平",在接收现场后进行场地平整工作,为尽早开工创造条件;按总平面图的要求修好现场永久性和临时道路,保证施工物资能早日进场;做好临时给排水管线的铺设,满足生产生活用水及排水要求;布设线路和通电设备并配备发电机组,防止临时停电以保证施工连续顺利进行。

(3)根据图样做好测量放线工作,进行现场规划和水准点、高程点、建筑红线的引测及标示工作,同时进行拟建建筑物的定位测量放线和施工区域原始地形地貌勘测,设置工程永久性经纬坐标桩和水准基桩,建立现场测量控制网,并且进行自检,保证精度,杜绝错误,并报有关部门和甲方验线。

(4)按总平面图及有关规定搭设临时设施,工地周界用围栏围挡起来,在主要入口处放置标识牌。

f　施工场外准备

(1)根据工程需要选择分包单位,并按工程量完成日期,工程质量和造价等内容,同分包单位签订分包合同,并控制其保质保量地按时完成。

(2)及时与供货单位签订供货合同,并督促按时供货,保证工程的顺利进行。

(3)积极主动与当地相关部门和单位联系,办理有关手续,为正常施工创造良好的外部环境。

E　施工方案

a　施工段的划分

由于本工程每层的混凝土浇筑工程量不大,商品混凝土公司生产和运力也能满足要求,并且公司也有足够的劳动力和科学合理的浇筑方案保证每一次浇筑,故每层不划分施工段,按一个施工段考虑。

b　施工流向

基础和主体施工时考虑混凝土浇筑，按照混凝土泵送管道"只拆不接"的原则确定施工流向为：主楼由西向东流动施工。

装修安装工程施工流向：填充墙与混凝土浇筑相隔四个楼层，内墙装修与填充墙相隔一个楼层，同步开始施工，向上流动。等砌筑工程完工后，由上往下施工。楼地面工程在外墙装修后相隔两个楼层，由上到下进行，安装设备与土建施工穿插进行。

c 施工顺序

本工程包括基础、主体、装修、安装等内容，按照"先地下后地上"，"先土建后设备"，"先主体后维护"，"先结构后装修"的原则组织施工，合理控制时差，严格落实计划、劳力，充分利用资源和机械设备。初期以结构施工为主导。当主楼达到五层后，砖墙砌筑，粗装修依次展开，从上向下跟进，交叉作业。主体封顶后，进入全面装修阶段。从上到下立体交叉施工，实行专业化施工，安装调试贯穿其中。

1. ±0.000 以下工程施工顺序

土方开挖及基坑支护→地基处理→混凝土垫层→找平层→底板防水层→混凝土保护层→放线→基础下层钢筋绑扎→管线预埋→基础梁钢筋绑扎→基础上层钢筋，柱、墙插筋绑扎→止水条及避雷焊接→支梁、墙、柱根部模板→浇筑混凝土→养护、测量总线→绑扎地下室墙、柱钢筋，管线预埋→隐检→支墙、柱模板→浇混凝土→地下室梁、板模板安装→地下室梁及板底层钢筋绑扎→管线预埋→隐检→板上层钢筋绑扎→浇筑混凝土→养护→拆模→地下室外墙防水层→防水保护层→土方回填。

2. ±0.000 以上主体工程施工顺序（各层基本顺序相同）

测量放线→支墙一侧模板→墙钢筋绑扎→管线预埋→隐检→支墙另一侧模板及柱模板→浇筑混凝土→支梁、板模板→梁、板钢筋绑扎→管线预埋→隐检→浇混凝土。其中水电、暖通、消防管道等安装预埋，脚手架搭设和拆除，拆模，养护等工序均插入作业，不占用工期。

3. 装修工程施工顺序

砌体施工期间插入抹灰及门窗安装，各工序自上而下进行，主体结构封顶后即可进行屋面及全面装修工程，各工序自上而下施工，电气工程穿线、给排水的立管、支管等安装与室内装修穿插进行。

4. 安装工程施工顺序

（1）给排水工程安装施工顺序：施工准备→配合土建预留孔洞，预埋铁件、套管→总干管、立管安装→水平支管安装→管道系统灌水试验或水压试验→卫生器具安装就位→器具镶接→盛水通水试验→竣工验收。

（2）室内消火栓管道安装施工顺序：施工准备→配合土建预留孔洞→消防干管安装→消火栓安装、支管安装→水压试验→联动试运行→竣工验收。

（3）通风及防排烟系统施工顺序：核对提供风管型号、规格、长度、数量、外购订货→配合土建预留洞口、预埋铁件。风管进场→核对风管数量、规格。支架吊卡制作→风管安装→风机消声器安装→各类阀门、风口安装→系统调试→试运行→竣工验收。

（4）设备安装施工顺序：设备基础放线→支基础模板→浇设备基础混凝土→拆模→设备验收→设备就位→设备粗平、找平→地脚螺栓灌注→设备精平→设备试运行前检查清理→设备单机试车→设备联动试车→竣工验收。

（5）采暖工程施工顺序：施工准备→配合土建预留孔洞→预埋过墙套管→立、干管安装→管道试压、冲洗→散热器单体试压→散热器就位→支管镶接→系统水压试验→系统调试→竣工验收。

5. 电气工程施工顺序

(1)电力工程施工顺序:施工准备→配合土建预埋管道→配管、立设备及动力箱→动力配电箱安装→电缆桥架安装→电缆敷设→管内穿线→检测绝缘电阻→配电箱内接线→设备接线→设备调试→试运行→竣工验收。

(2)照明工程施工顺序:施工准备→配合土建预埋管、盒、箱→配管至各照明箱→开关盒插座盒安装→配电箱安装→电缆敷设→管内穿线→检测绝缘电阻→电气、器具安装→配电箱内接线→调试→试运行→竣工验收。

F　主要分部分项工程施工方法

a　施工测量与放线　（具体略）

b　基坑支护施工方法　（具体略）

c　土方工程施工方法　（具体略）

d　模板工程施工方法　（具体略）

e　钢筋工程施工方法　（具体略）

f　混凝土工程施工方法　（具体略）

g　砌体工程施工方法　（具体略）

h　脚手架工程施工方法

结合本工程结构形式、实际施工特点及周围环境采用在建筑物四周搭设落地式、全高封闭的扣件式双排钢管脚手架。此架用于结构施工和装修施工,同时兼做安全防护网。结构施工时按两层同时作业,装修时三层同时作业。

脚手架采用双排单立杆形式。内立杆距外墙外沿 0.35m。立杆横距 1.1m,立杆纵距 1.5m,大横杆步距 1.8m,通长剪刀撑沿架高连续布置,每 6 步 4 跨设一道与地面夹角 45°~60°。脚手架采用 Q235.b 类焊接钢管,外钢管外径 48mm,壁厚 3.5mm。

1. 脚手架搭设施工工艺

施工工艺:场地平整、压实→放线→铺垫板→设置钢底座→纵向扫地杆→立杆→横向扫地杆→小横杆→大横杆→剪刀撑→连墙杆→铺脚手板→设置防护栏杆→扎安全网。

搭设脚手架时,先立内排立杆,后立外排立杆,每排立杆先从两头立,再立中间一根,相互看齐后立中间部分各立杆,双排内、外排立杆连线要与墙面垂直,立杆接长时先接外排,再接内排。

2. 外脚手架

基础:基槽面采用 2:8 灰土分层整实,外脚手架以回填土作基础,要求基础平整。基础上、底座下设置垫板,垫板采用长 2.0m、厚 50mm、宽 300mm 的木板,垂直与墙面放置。在脚手架外侧 50cm 处挖一浅排水沟。

立杆:立杆之间连接采用对接扣件连接,立杆与大横杆连接采用直角扣件连接。接头布置不应集中在一处,两相邻立杆接头布置在不同的步距内,与相邻大横杆距离不大于步距的 1/3,在高度方向错开距离不小于 50cm。立杆的垂直偏差应不大于架高的 1/300。

大横杆:大横杆位于小横杆之下,用直角扣件与立杆连接;其长度大于 3 跨,不小于 6m,同一步大横杆四周要交圈。

大横杆之间的连接采用对接扣件连接,其接头交错布置,不在同步。同跨内,相邻接头水平距离不小于 50cm,各接头距离立柱距离不大于 50cm。同一排大横杆的水平偏差不大于该片脚手架总长度的 1/250,且不大于 50mm。相邻步架的大横杆应错开布置在立杆内侧和外侧。

小横杆:每一立杆与大立杆相交处必须设置一根小横杆,采用直角扣件扣紧在大横杆上。该杆轴线偏离主节点的距离不大于15cm。在相邻立杆中增设1~2道小横杆。相邻小横杆水平间距不大于75cm。任何时候不得拆除作为基本构架结构杆件的小横杆。

小横杆伸出外排大横杆边缘距离不小于10cm,伸出里排大横杆,距结构外边缘15cm,伸出长度不大于44cm,上下层小横杆应在立杆处错开布置。

纵横向扫地杆:纵横向扫地杆采用直角扣件固定在距离底座下方20cm处的立杆上,横向扫地杆用直角扣件固定在紧靠纵向扫杆下方的立杆上。

剪刀撑:剪刀撑每6步4跨设置一道,斜杆与地面夹角在45°~60°之间。斜杆相交处在同一条直线上并沿架高连续布置。剪刀撑一根斜杆扣在立杆上,另一根斜杆固定在小横杆伸出的端头上,两端用旋转扣件固定,在中间加2~4个扣结点,所有固定点距主结点距离不大于15cm,最下部的斜杆与立杆的连接距离地面的高度控制在30cm内。

剪刀撑的杆件连接采用搭接方式。搭接长度大于100cm,并用不少于2个旋转扣件连接,端部扣件盖板的边缘至杆端的距离不小于10cm。

脚手板:脚手板采用竹串板,在作业层下部搭设一道水平兜网,随着此层上升,首层满铺一道脚手板。

脚手板搭设在三根小横杆上,并在两端8cm处用铁丝固定。脚手板应平铺、满铺、铺稳,接缝处设两根小横杆。各杆距接缝距离不大于15cm,靠墙一侧脚手板离墙距离不大于15cm,拐角处两个方向的脚手板重叠放置,避免出现探头及空挡现象。

护栏和挡脚板:在作业层脚手架立杆上每隔0.6m和1.2m处各设一道防护栏杆,底部侧面设180mm高挡脚板。

连墙件:连墙件采用刚性连接。单根小横杆穿过墙体,在墙两侧用不小于0.6m长的钢管及垫木固定。按两步三跨设置成梅花状,垂直间距3.6m,水平间距4.5m,它与脚手架、建筑物连接采用直角扣件。

连墙件横竖向顺序排列,均匀布置,与架体和结构面垂直,并靠近主节点。连墙体伸出扣件的距离大于10cm,底部第一根大横杆就开始布置联墙杆,靠近框架柱的小横杆直接作连墙体。

防护网:脚手架满挂全封闭式的密目安全网,密目网规格1.8m×6.0m。用网绳或铁丝绑扎在大横杆内侧。在架高3.6m处设首层平网,以上隔5步设隔层平网,施工层设随层网。

3. 里脚手架

装修作业架铺板宽度不小于2块或0.6m,砌筑作业架时,铺板3~4块,宽度不小于0.9m。作业层高大于2.0m时,须在架外侧搭设栏杆防护,在支撑模板、天棚安装及装修作业时,采用满堂脚手架,并配置一定数量的剪刀撑或斜杆,以加强稳定。

4. 卸料平台

卸料平台采用悬挑型钢平台,规格为5.0m×4.5m×1.5m,悬挑长度3.0m,卸料平台限重1.5t。

主次梁分别采用槽钢、工字钢,所有构件均为螺栓连接。防护栏杆采用$\phi48\times3.35$钢管,分别在高75cm,150cm设立两道,并与四周工字钢焊接,并满布密目安全网。平台每侧设6×19,$\phi20.0$钢丝绳,每根钢丝绳设夹具3个。钢丝绳与卸料平台钢管架接触处垫橡胶垫。平台平面铺5cm厚脚手板,两端用铁丝捆紧,并在四周搭设18cm高挡脚板。

卸料平台自3~6层每层设一个。

5. 脚手架稳定承载计算

脚手架计算相关数据见表3~表5。

表 3 钢管截面特征值表（钢号：Q235. b 类）

项 目	数 值	项 目	数 值
规格 ϕ/mm	48 ×3.5	惯性矩 I/mm⁴	12.19 ×10⁴
单位重量 q_0/kg · m⁻¹	3.84	抵抗矩 W/mm³	5.08 ×10³
截面积 A/mm²	489	回转半径 i/mm	15.8
抗弯、抗压容许应力 $[\sigma]$/MPa	205		

表 4 脚手架特性参数表

项 目	数 值	项 目	数 值
立杆纵距 L_a/m	1.5	脚手板重量 q_1/kg · m⁻¹	0.25
立杆横距 L_b/m	1.1	连墙件纵距 L_w/m	3.6
大横杆步距 h/m	1.8	连墙件横距 h_w/m	4.5
施工荷载 q/kg · m⁻¹	3	同时作业层数	2
作业面铺脚手板宽度 b_2/m	1.1 +0.7 =1.7	内立杆距结构外皮宽度 b_1/m	0.35

表 5 计算相关参数表

扣件式钢管架构件自重计算基数 gk_1 值/kN · m⁻¹	0.1078
作业层面材料自重计算基数 gk_2 值/kN · m⁻¹	0.3937
整体拉结和防护材料自重计算基数 gk_3 值/kN · m⁻²	0.0768
作业层施工荷载计算基数 qk 值/kN · m⁻¹	1.65
风压高度变化系数 μ_z（B 类）	1.24
西安地区基本风压值 w_0/kPa	0.35
扣件式教授家立杆计算长度系数 μ	1.51
材料强度附加分项系数 γ_m	1.1705
轴心受压构件稳定系数 ϕ	0.24
计算长度/mm（$i_0 = \mu h$）	2718
长细比 λ（$\lambda = l_0/i$）	172

恒载标准值：$NGK = H_0 \times (gk_1 + gk_3) + n_1 \times L_a \times gk_2$（$H_0 = 24.45$m，$n_1 = 1$）

$$= 24.45 \times (0.1078 + 0.0768) + 1 \times 1.5 \times 0.3937 = 4.19\text{kN}$$

活载：$NQK = n_1 \times L_a \times qk = 1 \times 1.5 \times 1.65 = 2.5\text{kN}$

轴向力设计值：$N' = 1.2 \times NGK + 0.85 \times 1.4 NQK = 1.2 \times (4.19 + 2.5) = 8.03\text{kN}$

风荷载体形系数：$\mu_s = 1.3$

风荷载标准值：$W_k = 0.7 \times \mu_z \times \mu_s \times w_0 = 0.7 \times 1.24 \times 1.3 \times 0.35 = 0.39\text{kPa}$

风荷载产生的弯矩设计值：$M_w = 0.12 \times W_k \times L_a \times h_2 = 0.12 \times 0.39 \times 1.5 \times 1.82$

$$= 0.227\text{ kN · m}$$

稳定验算：$0.9 \times [N'/(\phi A) + M_w/W] = 0.9 \times [8.03 \times 10^3/(0.24 \times 489) + 0.227 \times 10^6/$

$$5080] = 102\text{MPa} < f/\gamma_m = 205/1.1705 = 194.6\text{MPa}$$

连墙件稳定验算

风荷载产生的弯矩设计值：$N_{ew} = 1.4 \times W_k \times A_w = 1.4 \times 0.39 \times 3.6 \times 4.5 = 8.84\text{kN}$

脚手架平面外变形产生的轴向力：$N_0 = 5.0kN$

连墙件轴向力设计值：$N_1 = N_{ew} + N_0 = 8.84 + 5.0 = 13.84kN$

计算长度：$l_0 = 1.1 + 0.35 = 1.45m$

长细比：$\lambda = 1450/15.8 = 91.8$

轴心受压构件稳定系数：$\phi = 0.649$

稳定验算：$N_1/(\phi A) = 13.84 \times 103/(0.649 \times 489) = 43.6 < f/\gamma_m = 205/1.5607 = 146MPa$

扣件抗滑移验算：$N_1 = 13.84kN < Rc$（按直角扣件计 $Rc = 8.0kN/个$）$= 4 \times 8.0 = 32kN$

6. 脚手架拆除

脚手架拆除施工工艺：安全网→栏杆→脚手板→剪刀撑→小横杆→大横杆→立杆→支座、垫板。

不准分立面拆除或在上下两步同时拆架，做到一步一清，一杆一清。拆立杆时，先抱住立杆再拆开最后两个扣。拆除大横杆、斜撑、剪刀撑时，应先拆开中间扣，然后托住中间，再解端扣。所有连墙件随脚手架同步拆除。

7. 质量安全措施

脚手架搭设必须按规定要求搭设完，必须经检验后才能使用。

脚手架所用钢管的尺寸、弯曲程度、锈蚀等必须满足要求。

钢管全部涂刷黑黄间隔防腐漆，间隔为30cm。

操作人员在脚手架上作业时要按规定操作。

脚手架上所放物品质量不能大于规定值，且不能集中堆载。

不准随意改变脚手架结构。

雨雪过后，要及时清理架面，进行防滑处理。

在脚手架四角立杆上设置避雷针，并将所有上层大横杆全部连通形成避雷网。

i　屋面工程施工方法　（具体略）

j　防水工程施工方法　（具体略）

k　门窗工程施工方法　（具体略）

l　装修工程施工方法　（具体略）

m　水暖电工程施工方法　（具体略）

G　施工进度计划

a　施工进度目标

工期目标：300日历天。计划开工日期：2008年1月1日，计划竣工日期：2008年10月27日。

b　施工进度计划

施工进度计划用施工进度单代号时标网络图表示（略）。

c　工期保证措施

公司与项目经理签订"进度目标责任书"，项目部将总进度计划细划，与各作业班组签订"工期责任书"，并且严格按要求落实责任，以操作工人保工序工期，以工序工期保分项工程进度，以分项进度保分部进度，以分部保总体进度。

要保障这种运行模式，材料、机具、人员、设备等配备采购必须与进度相适应，并且要有精确的资金、使用计划，为工程进度准备充足资金，并且加强后勤管理，提高良好的后勤服务。

技术人员认真阅读图纸，制定合理有效的施工方案，保证各工序符合设计及施工质量验收规范的前提不进行，避免返工返修现象出现，以免影响工期。在每道工序之前，技术人员根据图纸及时上报材料计划,保证在工序施工前材料提前进场,杜绝因材料原因影响正常进行。正确进行施工布置,工序衔接紧凑,劳动力安排合理,避免窝工现象出现。制定详细的网络控制计划,分阶段设置控制点,将影响关键线路的各分部分项工程分解,以小保大,从而保证总体进度计划的顺利进行。

质量人员在工序施工过程中严格认真,细致检查,将一切质量隐患消灭在萌芽状态,防止事后返工现象。

采用切实可行的冬雨季施工措施,连续施工,确保进度和质量。

对工期进度计划进行动态监管,以及时掌握实际情况,及时调整。

H　各种资源需求计划

各种资源需求计划见表6～表9。

表6　投入劳动力一览表

序　号	工　种	投入总数量	2008 年									
			1	2	3	4	5	6	7	8	9	10
1	混凝土	30		30	25	20	20	20				15
2	门　工	23	15	10	13	15	15	25	10			
3	钢筋工	23	20	20	20	30	30	30	10			
4	木　工	30			3	3	3	4	4	4	1	
5	机械工	4		2	4	5	3	8	15	20	20	10
6	水　工	20			5	6	6	15	20	25	20	10
7	电　工	25			2	2	2	3	3	3	3	1
8	电焊工	3	1	2		10	10	20	50	25	13	10
9	抹灰工	90			4	5		10		8		
10	防水工	10			3	4	6	8	8	6		
11	架子工	8			2	2	2	2	5	5		
12	油漆工	30									30	
合　计		260	36	64	108	131	144	171	125	94	109	46

表7　主要材料使用计划表

序　号	材料名称	总数量	2008 年								
			1	2	3	4	5	6	7	8	9
1	钢　筋	1062T	150	50	100	260	500				
2	商　砼	6049m³	84	28	562	1460	2810				
3	砌　体	1580m³					790	790			
4	MD 保温材料	4229m²					1800	2000	400		
5	外墙面砖	1972m²						500	970	500	
6	乳胶漆	810m²							600	210	
7	铝合金门窗	857m²								857	
8	钢塑复合管	502m						200	200	100	
9	钢　管	1994m					500	500	500	500	
10	电缆桥架	29.4m						10	10	10	
11	电　缆	1412m						200	300	400	200

表8　投入机械设备一览表

序号	设备名称	规格型号	投入总数量	进场计划(2008年)								
				1	2	3	4	5	6	7	8	9
1	装载机	EL4013	1	✓								
2	挖掘机	WY200	1	✓								
3	塔吊	QZ5513	1				✓					
4	施工升降机	SC200/200	1									
5	混凝土输送泵	SAM100	1				✓					
6	运输汽车		8	✓								
7	布料机	2B21	1				✓					
8	压缩机	10HPJAGUA	1				✓					
9	振动棒		15				✓					
10	平板振动器		2	✓								
11	砂浆搅拌机	350型	4									
12	钢筋对焊机	UN1-100	1			✓						
13	钢筋切断机	GQ40A	2			✓						
14	钢筋弯曲机	QW40A	2			✓						
15	钢筋调直机	JM5T	2			✓						
16	钢筋切割机	XL-100	6			✓						
17	钢筋电焊机	BX-500	8			✓						
18	木工圆锯机	MJ105	1			✓						

表9　资金使用量计划表

序号	资金使用时间		资金使用量计划/万元					
	年度	月度	人工费	材料费	机械费	总包管理配合费	其他	合计
1		1月	10	9	30			49
2		2月	5.8	4.4	5			15.2
3		3月	20	12	30			62
4		4月	20	12	30			62
5		5月	20	12	30			62
6		6月	17	13	25	1		56
7		7月	14	10	25	1		50
8		8月	12	10	10	2		34
9		9月	10	10	10	1		31
10		10月	8	6	5	1		20

Ⅰ　施工现场平面布置图

a　现场施工条件

场地外围道路为校园内道路已全部硬化。水源、电源已到施工现场,施工场地平整已做完,杂物基本上清理干净,影响施工的空中电线已撤除。

b　施工现场平面布置

1. 围蔽结构

施工现场周围用实心黏土砖砌筑,不低于1.8m高,240mm厚的围护墙,内外抹灰,外部刷白。经甲方及监理方同意,在现场周围设置工程标牌、标识及介绍我公司的灯箱广告,内面用于施工安全等的宣传、警示。

现场设置两个入口,主入口设在东侧,大门采用不锈钢电力伸缩门,入口处设置洗车台,冲洗出入车辆,拦截场内外污水,以确保场外道路清洁卫生。

基坑四周采用 $\phi48$ 钢管焊接搭设1.2m高封闭式护栏,钢管刷黄黑间隔油漆,油漆段间隔长度300mm。护栏主杆间距1.5m,设三道横向钢管:第一道距地面20mm,第二道距地面600mm,立杆下做300mm高,240mm厚挡墙,沿坑口周围做混凝土硬化面层,在距坑口1m处做200mm宽排水沟,坑壁周围采用土钉墙支护。

2. 施工通道及道路

底层人行道上方搭设双层安全防护隔离层,隔离层采用脚手板及钢管搭设,通道两侧封严,通道口设置明显安全标志,通道内设灯具照明。

场地全部硬化采用2:8灰土10cm厚,C15混凝土80cm厚,雨水及污水排向大门两侧内接明水沟,经沟端沉淀后排向雨水管网。

3. 临时用房

现场办公用房、宿舍采用2层活动房。厨房、厕所为砖墙彩钢屋面,内贴瓷砖,PVC扣板顶棚,地面用混凝土硬化处理,金属隔栅门窗。

模板加工棚、钢筋加工棚及现场材料堆场采用门式钢架彩钢屋面,敞开式。

4. 施工用水、用电计算

现场用水由现场东面的市政管网接取,在现场围墙内侧环形布置。现场用电由北面的校园电网接取,同样成环形布置,并且施工用水用电与生活用水用电分开管理,实行一表一卡制。

(1)临时供水计算。本工程临时用水包括施工工程用水量 q_1(L/s),施工机械用水量 q_2(L/s),施工现场生活用水量 q_3(L/s),消防用水量 q_4(L/s)。

1)施工工程用水量按下式计算:

$$q_1 = k_1 \sum [(Q_1 \times N_1) / b] \times k_2 / (8 \times 3600)$$

式中　q_1——施工工程用水量,L/s;

k_1——未预计施工用水系数(取1.15);

k_2——用水不均衡系数(取1.5);

Q_1——年(季)度工程量;

b——每天工作班数(1班);

N_1——施工用水定额。

则:$q_1 = 1.15 \times 61000 \times 1.5 / (8 \times 3600)$

$= 3.6536$(L/s)

2)施工机械用水量 q_2(L/s)按下式计算:

$$q_2 = k_1 \sum Q_2 \times N_2 \times k_3 / (8 \times 3600)$$

q_2——施工机械用水量(L/s);

k_1——未预计施工用水系数(取1.15);

Q_2——同种机械台数;

N_1——施工机械用水定额;

k_3——施工机械用水不均衡系数(运输机械取2.0,动力机械取1.05)。

则:$q_2 = 1.15 \times 400 \times 60 \times 1.5 / (8 \times 3600)$

$\qquad = 1.4375(L/s)$

3)施工现场生活用水量。因为生活区不在现场布置,所以施工现场生活用水量取$q_3 = 0$。

4)施工现场消防用水量。查施工手册取$q_4 = 10(L/s)$

因为$q_1 + q_2 + q_3 < q_4$

所以取总用水量$Q = q_4 = 10(L/s)$

管径计算:$D = [4Q / (1000 \times \pi \times V)]^{\frac{1}{2}}$

式中　D——配水管直径,mm;

$\qquad Q$——用水量,L/s;

$\qquad V$——管网中水的流速,m/s。

则:$D = [4 \times 10 / (1000 \times 2.5 \times 3.14)]^{\frac{1}{2}}$

$\qquad = 0.0714m = 71.4mm < 100mm$

因此现场给水管道满足要求。

(2)现场施工用电。现场施工用电如下所述:

1)施工用电的计算。根据现场施工机械的配备以及用电设备的合计功率进行用电量计算。

$$P = 1.05 \times (k_1 \sum P_1 \cos\varphi + k_2 \sum P_2 + k_3 \sum P_3) = 265.06(kW)$$

式中　P——供电设备总需要容量,kW;

$\qquad \sum P_1$——电动机额定功率合计,kW,$\sum P_1 = 235.23kW$;

$\qquad \sum P_2$——电焊机额定容量合计,kW,$\sum P_2 = 202.7kW$;

$\qquad \sum P_3$——施工现场室内外照明容量合计,kW,$\sum P_3 = 41kW$;

$\qquad \cos\varphi$——电动机平均功率系数,$\cos\varphi = 0.75$;

$\qquad k_1$——需要系数,$k_1 = 0.6$;

$\qquad k_2$——需要系数,$k_2 = 0.6$;

$\qquad k_3$——需要系数,$k_3 = 1.0$。

2)施工用电的选择。通过计算得出,施工现场用电设备总需要容量为265.06kW,现场用电应能满足要求。为了确保正常连续施工,现场计划备用一台120kW的柴油发电机,作为临时停电时的应急电源。在正常情况下,从变压器低压侧直接供到配电室动力配电箱(TLX)总开关的上刀口,当市电停电时,为保证工作的连续性,保证重点负荷的用电,通过动力配电箱总闸7J进行切换,自动换成备用发电机供电。

c　施工现场平面图

施工现场平面布置图分为基础施工阶段施工现场平面布置图和主体施工阶段施工现场平面布置图,见图1、图2。

临时建设施工见表10。

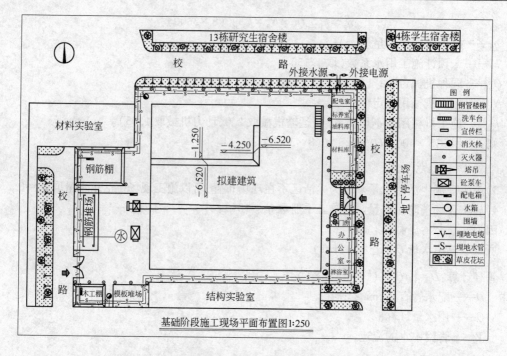

基础阶段施工现场平面布置图1:250

图1　基础施工阶段施工现场平面布置图

表10　临时建设施工一览表

序　号	名　　称	面积/m²
1	门　卫	9
2	办公室	150
3	宿　舍	400
4	食　堂	40
5	材料库房	50
6	钢筋场地	100
7	模板场地	100
8	标准养护室	8
9	配电房	8
10	木工棚	40
11	钢筋加工棚	100
12	厕　所	25
13	淋浴室	30

J　施工项目技术管理措施和信息管理措施

a　测量定位管理措施

(1)在建设单位主持下,总工程师及专职测量员会同设计、勘探单位做好交接桩手续,并及时协助测量班进行复测。

(2)测量人员及时妥善保护好各种标桩,认真复测并报测量班复测,定期巡视标桩保护情况,如有毁坏,及时修复。

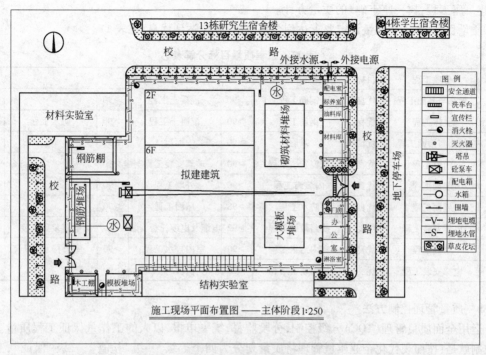

图2 主体施工阶段施工现场平面布置图

(3)测量放线遵循"先整体后局部"原则,楼层测量放线先放控制轴线,经检验无误后再放其他轴线;高程测量先从 ±0.000 或 +0.5m 线处利用钢卷尺量距,利用水准仪复核无误后再放样。

(4)坚持测量复核,步步有校核原则,楼层测高,高程测量及所有测量内业计算必须两人复核。平面控制除校核轴线间距外还应复检查对角线及 90°直角。

(5)测量误差遵循"平均分配"原则,楼层测量放线、标高抄测在确保误差在规定范围内后平均分配,避免误差积累。

(6)外墙安装,阴阳角从上到下弹控制线,贴外墙砖时用经纬仪校核。

(7)测量管理制度。

所有测量人员必须持证上岗。上岗前必须认真学习并掌握《工程测量规范》、《建筑工程施工测量规程》等规范、规则。到现场工作前,必须先熟悉图纸,对图纸技术交底中的有关尺寸进行计算、复核,制定具体测量方案后方可进场。所有测量人员必须熟悉控制点的布置,并随时巡视控制点的保存情况,如有破坏及时汇报。测量人员应了解进度情况,经常同有关领导和部门进行业务交流。经常与专业测量人员保持联系,及时掌握图纸变更,洽商并及时将变更内容反映到图纸上。爱护仪器,经常擦拭,检查时仪器保持清洁、灵敏,并定期维修保证良好状态。定期开展业务学习,提高业务素质。必须全心全意为单位服务,必须将所测的点或线及时向施工单位交代清楚。

b 施工试验管理制度 (具体略)

c 施工资料管理措施 (具体略)

d 项目信息管理措施 (具体略)

K 施工项目质量管理措施

a 质量方针和目标

质量方针:公司以本工程作为进入 ××地区建筑市场的样板工程,坚持"质量为本,信誉第一;建一座工程,树一座丰碑"的质量方针。

质量目标:本工程质量评定要求达到合格等级,争取达到优良,见表11。

表 11　工程质量目标分解表

序号	分项工程	目标	主要分项优良率/%					
1	地基与基础工程	优良	钢筋工程	>90	混凝土工程	>90		
2	主体工程	优良	钢筋工程	>90	混凝土工程	>90	防水工程	>98
3	地面与楼面工程	优良	基层	>90	面层	>90		
4	门窗工程	优良	门窗安装工程	>90	玻璃安装工程	>90		
5	装饰工程	优良	内装饰工程	>90	外墙工程	>90		
6	屋面工程	优良	防水工程	>98	屋面工程	>90		
7	电器安装工程	优良	线路敷设工程	>92	电缆及电缆托板安装		电器装置组装	>90
8	水暖工程	优良	室内给水工程	>90	室内排水工程	>90	室外排水工程	>90
9	电梯安装工程	优良	拽引装置工程	>90	电气具设备工程	>90		

b　质量管理控制方法

运用全面质量管理(TQC)分级控制,分段监督,统一申报,以人的工作量保证工程质量。分级控制就是:按照现代化企业质量管理将质量划分为四个等级,一级"检查",二级"保证",三级"预防",四级"完美"。要求分包单位质量管理以一级为主,追求二级,项目内部以二级、三级为主,追求四级。分段监督就是:控制预防的质量由施工管理系统监督、执行及操作质量由技术质量系统监督。

c　质量管理控制措施

(1)成立项目经理、总工、质量部长、技术部长、工长、施工班组专职质检员组成的质量管理体系。

(2)加强对人的控制:发挥"人的因素第一"的主导作用,把人的控制作为全过程控制的重点。对项目管理人员按职责分工,要求其尽职尽责做好本职工作,同时搞好团结协作,对不称职人员及时调整,对外部施工严格资质检查。

(3)加强施工生产和进度安排的控制:会同技术人员合理安排施工进度,在进度与质量发生碰撞时进度服从质量,合理安排劳动力,科学组织施工,加强机具、设备管理,保证施工需要。

(4)加强入场物资质量控制:成品半成品采购必须认真执行《采购工作程序》,建立合格供应商名册,对供应商进行评价,凡采购到现场的物资必须按规定进行复检,严把质量、数量、品种、规格关,不合格产品不许进场使用。

(5)严格"三检"制度:所有施工过程都要进行检查,未达到标准必须返工,验收合格后方可进入下一道工序。

(6)坚持样板制度,在各分项施工前由有关人员进行指导,并组织进行样板施工,在施工部位挂牌注明工序名称、施工负责人、技术交底人、操作班长、施工日期等。对主要分项样板要报技术部门并请监理共同验收,验收合格后方可进行施工。

(7)加强成品半成品保护措施,对成品半成品实行专人看管,并合理安排工序,防止后道工序损坏或污染前道工序。

(8)在施工前对操作人员统一进行培训,并做好技术交底工作。

d　质量技术控制措施

1. 模板工程

施工中考虑模板材料及拆除两大因素,本工程采用胶合板确保整体刚度及挠度。拆模后认真清除灰尘及涂刷隔离剂,增加模板的周转数,保证混凝土表面平整。

楼板、楼梯模板与旧混凝土接触处统一贴海棉条,确保阴角方正顺直,且混凝土表面平整。多层板拼接缝处贴纸胶带防止漏浆。

2. 钢筋工程 （具体略）

3. 混凝土工程 （具体略）

4. 装修工程 （具体略）

5. 防水工程 （具体略）

6. 完善施工质量验收记录,做好资料整理 （具体略）

总之,加强预控及过程控制,控制好施工中每个环节,加强样板及"三检"制度,把隐患消灭在萌芽状态。

L 施工项目成本控制措施

项目部通过对项目成本进行指导和控制,使项目实际成本能够控制在预定计划成本范围内,并尽可能使项目经济效益最大化,为企业增加利润和资本积累,以及为企业积累资料,指导今后投标。

a 成本控制原则

(1)开源与节流相结合的原则。

(2)全面控制原则,包括全员成本控制和全过程成本控制。

(3)动态控制原则,成本控制的重心在基础、结构、装饰施工阶段。

(4)责、权、利相结合原则。

(5)目标管理原则,管理工作的基本方法是 PDCA 循环。

(6)例外管理原则,用于成本指标的日常控制。

b 成本控制管理制度

(1)项目财务实行项目经理一支笔制度,任何开支必须经项目经理的批准,否则追究有关人员经济责任。

(2)分包单位工程款支付建立审批制度,对协作单位工程款支付实行安全、质量、成本、进度一票否决制度。

(3)零星用工及合同外用工须由工程管理部门批准后方可安排工作。

(4)合同要人人知晓,经营管理部将合同交底,分别交有关部门执行。严禁不懂合同者上岗管理,因不懂合同造成损失的责任者赔偿损失。

(5)分包单位进场作业要签订合同。

(6)发生工程洽商变更时,必须报出经济洽商变更,造成经济洽商变更与合同洽商变更不同步的导致利益流失要追究责任。

(7)协作单位、材料供应商选择要货比三家,在保证满足项目施工要求及售后服务前提下选择低价的。所有询价、比价资料及合同必须报项目经理部审批。

(8)项目经理部必须做好成本分解工作和预控工作。

(9)所有合同变更、增减账、经济往来、函件结算必须报送项目经理审批。

(10)分包单位工程量统计及工程款申请工作必须严格按双方合同规定的量及价计算,按实际完成量申报。分包工程款与进度挂钩,遵守有关规定。由于分包单位原因造成工程款不能按时结算的一切后果由分包单位负责。

　　c　降低项目成本措施

（1）加强管理,提高工程质量,降低成本;

（2）加强劳动工资管理,提高劳动生产率;

（3）加强机具管理,提高机具使用率;

（4）加强材料管理,节约材料费用;

（5）加强费用管理,节约管理费用;

（6）用好用活激励制度,调动职工增产节约的积极性。

　　d　成本管理责任体系

成本管理责任体系参见图 3。

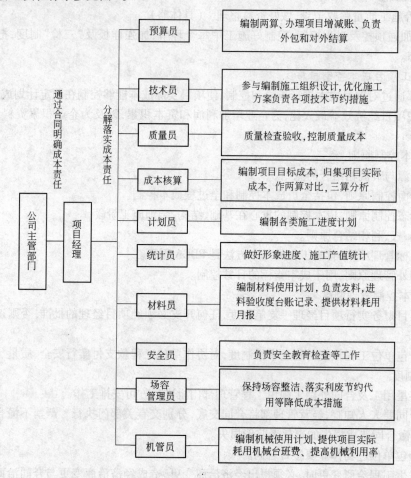

图 3　成本管理责任体系图

　　M　施工项目进度控制措施

　　在工程施工进度计划执行的过程中,由于人力资金、物资的供应和自然条件等因素的影响,往往会使原计划脱离预先设定的目标。因此要随时掌握工程进度,检查和分析施工计划的实施情况,并及时进行调整,保证施工进度目标的顺利进行。

　　为了保证施工进度计划的实施,落实进度目标要求,应落实以下措施:

　　（1）组织措施:落实各层次的进度控制人员,具体任务和工作职责,确定进度目标及进度工作制度。

（2）动态调整施工进度，由于施工质量的预控中存在不可预见性，施工质量易受外界条件的影响，所以在施工过程中根据质量情况，动态调整施工进度，保证工程质量的稳步进展。

（3）采取合同控制进度，在与分包商所签发合同中，对工期目标及奖惩条件进行界定。

（4）采取进度款复制方法控制进度，以保证工期目标实现，避免分包商偏于质量目标而不顾工期。

（5）进度计划控制与跟踪，施工进度一旦脱离工期目标，工期计划工程师必须立即召集相关人员进行分析，找出关键因素，集中解决，确保工期目标实现。

（6）进度计划编制及控制统一采用 Microsoft Project 2002 软件进行计算机编制与控制。

施工进度动态控制基本原理如图 4 所示。

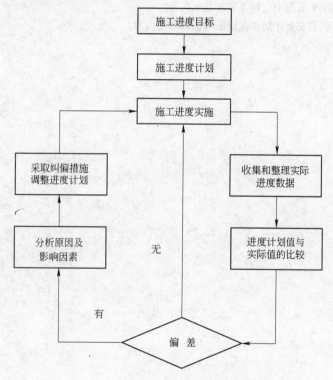

图 4 施工进度动态控制原理图

N 施工现场管理措施

（1）安全防护管理措施；

（2）临时用电管理措施；

（3）消防保卫措施；

（4）文明施工管理措施；

（5）现场环境保护措施。

O 施工项目冬雨季施工措施

a 雨季施工措施

在雨季施工前整理施工现场，维修现场破坏的排水设施、设备，检查现场道路，对已损坏的要及时修补、硬化，检查雨季施工的材料（如雨衣、雨鞋、塑料布）等准备情况，检查各施工棚及临时住房的防雨情况。

b 冬季施工措施

在冬季施工前,提前准备好保温供暖设备,对各种采暖设备,保温材料进行检查,做好冬季施工混凝土、砂浆及外加剂的试配工作。

复习思考题

5-1　单位工程施工组织设计的编制依据是什么?

5-2　如何确定单位工程的施工程序?

5-3　对单位工程施工方案进行评价时应考虑哪些因素?

5-4　简述单位工程施工进度计划的编制步骤。

5-5　单位工程施工现场平面图中应包含哪些基本内容?

5-6　单位工程施工组织的安全计划和保证措施包含哪些内容?

6 施工组织总设计

6.1 施工组织总设计概述

6.1.1 施工组织总设计及其作用

施工组织总设计是以整个建设项目或建筑群为对象,根据初步设计或扩大初步设计图纸以及其他有关资料和现场施工条件编制的,用以指导施工全过程中各项施工活动的技术经济的综合性文件。一般由建设总承包公司或大型工程项目经理部的总工程师主持,组织有关人员编制。其主要作用有以下几方面:

(1)为建设项目或建筑群体工程施工阶段做出全局性的战略部署;

(2)为做好施工准备工作,保证资源供应提供依据;

(3)为组织全工地性施工业务提供科学方案和实施步骤;

(4)为施工单位编制工程项目生产计划和单位工程的施工组织设计提供依据;

(5)为业主编制工程建设计划提供依据;

(6)为确定设计方案的施工可行性和经济合理性提供依据。

6.1.2 施工组织总设计的编制依据

为了保证施工组织总设计的编制工作顺利进行并提高质量,使施工组织设计文件能更密切地结合工程实际情况,从而更好地发挥其在施工中的指导作用,在编制施工组织总设计时,应以如下资料为依据:

(1)设计文件及有关资料。设计文件及有关资料主要包括:建设项目的初步设计、扩大初步设计或技术设计的有关图纸、设计说明书、建筑区域平面图、建筑总平面图、建筑竖向设计、总概算或修正概算等。

(2)计划文件及有关合同。计划文件及有关合同文件主要包括:国家批准的基本建设计划、可行性研究报告、工程项目一览表、分期分批施工项目和投资计划;地区主管部门的批件、施工单位上级主管部门下述的施工任务计划;招投标文件及签定的工程承包合同;工程材料和设备的订货指标;引进材料和设备供货合同等。

(3)工程勘察和技术经济资料。建设地区的工程勘察资料:地形、地貌,工程地质及水文地质、气象等自然条件。建设地区技术经济条件:可能为建设项目服务的建筑安装企业、预制加工企业的人力、设备、技术和管理水平;工程材料的来源和供应情况;交通运输情况、水、电供应情况;商业和文化教育水平和设施情况等。

(4)现行规范、规程和有关技术规定。国家现行的施工及验收规范、操作规程、定额、技术规定和技术经济指标。

(5)类似建设项目的施工组织总设计和有关总结资料。包括:类似建设项目成本控制资料、工期控制资料、质量控制资料、安全控制资料、文明施工及环保控制资料、技术成果资料和管理经验资料等。

6.1.3　施工组织总设计的内容

施工组织总设计的内容,一般主要包括:工程概况和施工特点分析、施工部署和主要项目施工方案、施工总进度计划、全场性的施工准备工作计划、施工资源总需要量计划、施工总平面图和各项主要技术经济评价指标等。但是由于建设项目的规模、性质、建筑和结构的复杂程度、特点不同,建筑施工场地的条件差异和施工复杂程度不同,其内容也不完全一样。

工程概况和特点分析是对整个建设项目的总说明和分析,从而采取一些相应的、对全局有影响的施工部署或措施,加快工程施工进度、提高工程质量、降低工程成本。一般应包括以下内容:

(1)建设项目概况。主要包括:工程性质、建设地点、建设规模、总占地面积、总建筑面积、总工期、分期分批投入使用的项目和工期;主要工种工程量、设备安装及其吨数;总投资额、建筑安装工作量、工厂区和生活区的工作量;生产流程和工艺特点;建筑结构类型、新技术、新材料的复杂程度和应用情况等。工程概况可用表格形式表达,如表6-1和表6-2所示。

表6-1　建筑安装工程项目一览表

序号	工程名称	建筑面积/m²	建安工作量/万元		吊装和安装工程量/(t 或件)		建筑结构①
			土建	安装	吊　装	安　装	

①"建筑结构"栏填混合结构、砖木结构、钢结构、钢筋混凝土结构及层数。

表6-2　主要建筑物和构筑物一览表

序号	工程名称	建筑结构特征或示意图①	建筑面积/m²	占地面积/m²	建筑体积/m³	备　注

①"建筑结构特征"栏说明其基础、墙、柱、屋盖的结构构造。

(2)建设项目的建设单位、勘察设计单位、承包单位和监理单位情况。主要包括:本建设项目的建设单位、勘察设计单位、总承包单位和分包单位的名称,及委托监理单位的名称及监理单位的组织状况等。

(3)建设地区的自然条件和技术经济条件。主要包括:气象及其变化状况、地形地貌、工程地质和水文情况、地震设防烈度;地方建筑材料品种及其供应状况、地方交通运输方式及服务能力状况;水电和电信服务状况;社会劳动力和生活服务设施状况等条件。

(4)建设项目施工条件。主要包括:主要材料、特殊材料和生产工艺设备供应条件;提供项目施工图纸的阶段划分和时间安排;建设单位提供施工场地的标准和时间。

(5)建设单位、设计单位、总承包单位或上级主管部门对施工的要求。主要包括:土地征用范围居民搬迁情况等与建设项目施工有关的主要情况;建筑项目的建设、设计和承包单位主要说明;施工组织设计总目标主要说明。

6.2　施工总部署

施工总部署是对整个建筑项目从全局角度进行施工的统筹规划和全面安排,它主要解决影响建设项目全局的重大战略问题。施工总部署的内容和侧重点根据建筑项目的性质、规模和客观条件不同而有所不同。一般应包括:确定建设项目的施工管理机构;明确各参加单位的任务分工和施工准备工作;确定项目开展的程序、拟定主要工程项目的施工方案、明确施工任务划分与安排、编制施工准备工作计划等内容。

6.2.1 建设项目的施工管理机构

建设项目的施工管理机构通常是指一个建设项目的项目经理部,它是工程项目的指挥部门,对施工项目从开工到竣工的全过程实施管理,对作业层负有管理和服务的双重职能,对指导工程建设,保证项目的顺利进行起到重要的作用。应明确建设项目管理组织目标、组织内容和组织机构形式,建立统一的工程指挥系统。施工管理机构组建时应根据工程规模、结构特点和复杂程度,确定施工项目领导机构的人选和名额;根据项目特点合理分工、密切协作,建立有施工经验、工作效率高的管理机构。项目经理部的组织形式可根据工程项目的规模和特点的不同,选择工作队式、部门控制式、矩阵式、事业部制式等形式。建设项目的施工管理机构成员组成一般应包括:项目经理、项目副经理、施工员、质检员、安全员、造价员、材料员等。

6.2.2 施工准备工作计划

施工准备工作是顺利完成项目建设任务的一个重要阶段。根据施工项目的施工部署、施工总进度计划、施工资源计划和施工总平面布置的要求,编制施工准备工作计划,其主要内容有:

(1)根据建筑总平面图的要求,做好全场性控制网的测量。

(2)做好现场"四通一平"工作。安排好场内外运输道路,水、电、通讯来源及其引入方案;场地平整方案和全场性的防排水。

(3)根据施工资源计划要求,落实建筑材料、构配件、半成品和施工机具等。安排好各种材料的库房、堆场用地和材料货源供应及运输。

(4)做好冬雨季施工的准备工作。

(5)安排好项目采用的新结构、新工艺、新技术、新材料等的实验工作。

(6)进行必要的岗前培训。

施工准备工作计划可以用表格形式表示,见表6-3。

表6-3 施工准备工作计划表

序 号	准备工作名称	准备工作内容	起止时间	主办单位	协办单位	负 责 人

6.2.3 确定项目的开展顺序

确定建设项目中各项工程的开展顺序关系整个工程项目的实施和顺利投产使用,尤其是大型工业建设项目,一般应根据工程总目标的要求,分批分期进行建设。确定工程项目开展顺序时一般应考虑以下因素:

(1)根据建设项目总目标的要求,在保证工期的条件下,保证全局施工的连续性和均衡性,使各具体项目尽量早建成投入使用。

(2)一般建设项目均应按"先地下、后地上"、"先深后浅"、"先干线后支线"的原则安排施工顺序。

(3)统筹考虑各个项目,工程量大,施工难度大,需要工期长的项目先建设;对于生产性项目,要按生产工艺要求,先投产的项目先建设。

(4)可供建设项目施工服务和使用的工程项目早建设,如各种加工厂、搅拌站、运输系统、动力系统等。

6.2.4　主要项目的施工方案

施工组织总设计中要拟定一些主要工程项目的施工方案。这些项目通常是建设项目中工程量大、施工难度大、工期长,对整个建设项目的建成起关键性作用的建筑物(或构筑物),以及全场范围内工程量大、影响全局的特殊分项工程。施工方法的确定要兼顾技术的先进性和经济上的合理性;对施工机械的选择,应使主导机械的性能既能满足工程的需要,又能发挥其效能,在各个工程上能够实现综合流水作业,减少其拆、装、运的次数;减轻劳动强度,提高劳动生产率,保证工程质量,降低工程成本。

6.3　施工总进度计划

施工总进度计划是根据施工部署的要求,合理确定各独立交工系统、单项工程的控制工期和相互搭接关系的施工工期计划,是施工现场各项施工活动在时间和空间上的活动安排。正确地编制施工总进度计划,是保证各个系统以及整个建设项目如期交付使用、充分发挥投资效果、降低建筑成本的重要条件。施工总进度计划的表达形式有横道图和网络图等形式。其中横道图形式的施工总进度计划如表6-4、表6-5所示。

表6-4　施工总进度计划表

序号	单项工程名称	建安指标		设备指标(t)	造价(千元)			施工进度				
		单位	数量		合计	建筑工程	设备安装	第一年				第二年
								1	2	3	…	…

表6-5　主要分部工程施工进度计划表

序号	分部工程名称	工程量		机械设备			劳动力			施工天数	施工进度			
		单位	数量	机械名称	台班数量	机械数量	工种	总工日数	工日数量		第一年			…
											1	2	…	…

6.3.1　编制施工总进度计划的步骤

(1)根据各项目开展的先后次序要求,划分项目的施工阶段并确定各阶段和各单项工程的开竣工时间。

(2)根据确定好的施工阶段顺序,列出各施工阶段所包含的所有单项工程,并进行分解至单位工程和分部工程。

（3）计算各单项工程、单位工程和分部工程的工程量。

计算工程量，可按初步（或扩大初步）设计图纸并根据各种定额手册进行计算。常用的定额、资料有：

1）万元、十万元投资工程量，劳动力及材料消耗扩大指标。这种定额规定了某一种结构类型建筑每万元或十万元投资中劳动力消耗数量、主要材料消耗量。根据图纸中的结构类型，即可估算出拟建工程分项需要的劳动力和主要材料消耗量。

2）概算指标和扩大结构定额。这两种定额都是预计定额的进一步扩大（概算指标是以建筑物的每 $100m^3$ 体积为单位；扩大结构定额是以每 $100m^2$ 建筑面积为单位）。查定额时，分别按建筑物的结构类型、跨度、高度分类，查出这种建筑物按拟定单位所需的劳动力和各项主要材料消耗量，从而推出拟计算项目所需要的劳动力和材料的消耗量。

3）已建房屋、构筑物的资料。在缺少定额手册的情况下，可采用已建类似工程实际材料、劳动力消耗量，按比例估算。但是，由于和拟建工程完全相同的已建工程是比较少见的，因此在利用已建工程的资料时，一般都应进行必要的调整。

其他主要的全工地性工程的工程量，例如铁路及道路长度、地下管线长度、场地平整面积等，可根据建筑总平面图进行计算。

（4）根据施工部署和主要工程施工方案，确定各单项工程、单位工程和分部工程的施工持续时间，并确定各分部工程之间的搭接关系绘制控制性的施工进度计划。

（5）对编制的施工进度计划进行优化，尽可能缩短工程建设的总工期，形成最终的施工总进度计划。

6.3.2　施工总进度计划保证措施

施工总进度计划保证措施包括组织保证措施、技术保证措施、经济保证措施和合同保证措施等。

（1）组织保证措施。从组织上落实进度控制责任，建立进度控制协调制度。

（2）技术保证措施。编制施工进度计划实施细则；建立多级网络计划和施工作业周计划体系；强化事前、事中和事后进度控制。

（3）经济保证措施。确保按时提供资金；对工期提前进行奖励；保证各种施工资源的正常供应。

（4）合同保证措施。全面履行工程承包合同；及时协调分包单位工程施工进度；按时支付工程款；尽量避免工程进度索赔事件的发生。

6.4　资源需要量计划

6.4.1　劳动力需要量计划

工程项目劳动力需要量计划是根据施工总进度计划、概预算定额和相关经验资料分别计算出各单项工程主要工种的劳动力数量，估计出工人进场时间，然后进行汇总，确定出整个建设工程项目的劳动力需要量计划。劳动力需要量计划是组织工人进场，进行劳动力调配的主要依据。劳动力需要量计划可编制成表格形式，如表 6-6 所示。

表 6-6　劳动力需要量计划表

序号	项目名称	工种名称	劳动量数量（工日）	高峰期工人人数	用工时间				
					××××年				××××年
					1	2	3	…	…

6.4.2　材料、构件和半成品需要量计划

主要材料、构件和半成品等物资需要量计划应根据施工部署、劳动量需要量计划和工程总进度计划的要求进行编制,如表 6-7 所示。它是签订物资采购合同、安排材料堆场和仓库、物资供应单位生产和准备工程所需物资的依据。

表 6-7　主要材料、构件和半成品需要量计划表

序　号	项目名称	物　资		物质需要量		需要量计划				
		名称	规格	单位	数量	××××年				××××年
						1	2	3	…	…

6.4.3　施工机具、设备需要量计划

施工机具、设备需要量计划是根据施工部署、主要工程施工方案、施工总进度计划、机械台班定额等进行编制的,如表 6-8 所示。它是确定施工机具设备进场、计算施工用水、用电量的依据。

表 6-8　施工机具、设备需要量计划表

序号	项目名称	机具设备		数量	购买或租赁时间	进出场时间				
		名称	型号			××××年				××××年
						1	2	3	…	…

6.5　施工总平面图

施工总平面图是拟建项目施工场地的总布置图。它按照施工方案和施工进度的要求,对施工现场的道路交通、材料仓库、附属企业、临时房屋、临时水电管线等做出合理的规划布置,从而正确处理全工地施工期间所需各项设施和永久建筑、拟建工程之间的空间关系。

6.5.1　施工总平面图设计的原则

(1)在满足施工需要的前提下,尽量减少施工用地,不占或少占农田,施工现场平面布置应紧凑合理。

(2)科学划分施工区域和场地,避免或减少不同专业工种和各工程之间的干扰。

(3)充分利用各种永久性建筑物、构筑物和原有设施,尽可能减少临时设施费用。

(4)多采用装配式施工设施,提高临时设施的安拆速度。

(5)各项施工设施的布置应有利于生产、方便工人生活。

(6)满足安全防火和劳动保护的要求。

6.5.2 施工总平面图设计的依据

(1)建设项目施工相关图纸和资料,包括:建筑总平面图、地形地貌图、区域规划图、建筑项目范围内有关的一切已有和拟建的各种设施位置等设计资料。

(2)建设项目施工部署、主要工程施工方案和施工总进度计划。

(3)建设项目的资源需要量计划一览表。

(4)现场运输道路、水源、电源的位置等情况。

(5)施工项目地区的自然条件和技术经济条件。

(6)各种技术规范、施工安全标准及防火要求。

6.5.3 施工总平面图设计的主要内容

(1)建设项目施工用地范围内地形等高线、一切地上、地下已有的和拟建的建筑物、构筑物以及其他设施的位置和尺寸。

(2)所有拟建筑物、构筑物和基础设施的位置和形状。

(3)施工区域的划分、各种施工机械和各种临时设施的布置位置。

(4)各种建筑材料、半成品、构件的仓库和生产工艺设备主要堆场、加工厂、制备站、取土弃土位置。

(5)水源、电源、变压器位置,临时给排水管线和供电、动力设施位置。

(6)施工用的各种道路的位置。

(7)一切安全、消防设施位置。

(8)永久性测量放线标桩位置。

6.5.4 施工总平面图设计的步骤

(1)引入场外交通。设计施工总平面图时,应首先研究用量较大的材料、成品、半成品、设备等进入工地的运输方式。当用量较大材料需要由铁路运来时,首先要解决铁路的引入问题;当大批材料是由公路运入工地时,由于汽车线路可以灵活布置,因此,一般先布置场内仓库和加工厂,然后再布置场外交通的引入;当大批材料是由水路运来时,应首先考虑原有码头的运用和是否增设专用码头问题。

(2)确定仓库与材料堆场的位置。仓库和材料堆场的位置通常考虑设置在运输方便、位置适中、运距较短并且安全防火的地方。当大批物资采用铁路运输时,仓库应尽可能沿铁路运输线布置,并且要留有足够的装卸前线。否则,必须在附近设置转运仓库,且转运仓库应设置在靠近工地一侧,以免内部运输跨越铁路,同时仓库不宜设置在弯道处或坡道上。当采用公路运输大量物资时,仓库的布置较灵活,一般中心仓库布置在工地中央或靠近使用的地方,也可以布置在靠近于外部交通连接处。砂石、水泥、石灰木材等仓库或堆场宜布置在搅拌站、预制场和木材加工厂附近;砖、瓦和预制构件等直接使用的材料应该直接布置在施工对象附近,以免二次搬运。工业项目建筑工地还应考虑主要设备的仓库或堆场,移动困难的设备应尽量放在车间附近,其他设备仓库可布置在外围或其他空地上。当采用水路运输时,一般应在码头附近设置转运仓库,以缩短船只在码头上的停留时间。

(3)确定加工厂和制备站的位置。加工厂和制备站位置的布置,应以方便生产、安全防火、环境保护和运输费用最少、不影响建筑安装工程施工的正常进行为原则。一般将加工厂设在工地边缘集中布置,同时应考虑仓库和材料堆场的位置,尽量避免二次搬运。

(4)确定场内运输道路。根据各施工项目、加工厂、仓库的相对位置,研究物质转运路径和转运量,区分主次道路,对场内运输道路的主次和相对位置进行优化。确定场内道路时,应考虑以下几点:

1)尽可能利用原有和拟建的永久性道路。

2)合理安排临时道路与地下管网的施工程序。

3)保证场地运输的通畅。场内道路干线应采用环形布置,应有两个以上进出口,且尽量避免临时道路与铁路交叉。

4)科学确定场内运输道路的宽度。主要道路宜采用双车道,宽度不小于6m;次要道路宜采用单车道,宽度不小于3.5m。

5)合理选择运输道路的路面结构。根据道路的主次、运输情况和运输工具的类型,选择混凝土路面、碎石级配路面、土路或砂石路。

(5)确定生产、生活临时设施的位置。一般全工地性行政管理用房宜设在全工地入口处,以便对外联系;也可设在工地中间,便于全工地管理。工人用的福利设施应设置在工人较集中的地方,或工人必经之处。生活基地应设在场外,且不应距工地太远。食堂可布置在工地内部或工地与生活区之间。临时设施的建筑面积可根据工地施工人数进行计算。应尽量利用建设单位的生活基地或其他永久建筑,不足部分另行建造。

(6)确定水电管网及动力设施的位置。根据施工现场的具体情况,确定水源和电源的类型和供应量,当有可以利用的水源、电源时,可以将水电从外面接入工地,沿主要干道布置干管、主线,然后与各用户接通。施工现场供水管网有环状、枝状和混合式三种形式。临时配电线路布置与水管网相似,通常采用架空布置。根据工程防火要求,应设立消防站、消防通道和消火栓。

(7)评价施工总平面图指标。施工总平面图设计通常可以有多种可行方案,当有几种方案时,应考虑施工占地面积、土地利用率、设施建造费用、施工道路和施工管网总长度等评价指标对方案进行综合分析和比较,从而确定出最优方案。

6.6　主要技术经济指标

施工组织总设计的质量对工程建设的进度、质量和经济效益影响较大,施工组织总设计编制完毕后应进行技术经济评价。通过定性及定量的计算分析,对施工组织总设计的技术可行性和经济合理性进行论证。施工组织总设计中常用的技术经济评价指标有:施工工期、施工质量、施工成本、施工消耗、施工安全、劳动生产率、材料使用指标、机械化程度、工厂化程度、成本降低指标等。

(1)施工工期指标。施工工期指标包括建设项目总工期、施工准备期、独立交工系统工期、独立承包项目和单项工程工期等。

(2)施工质量指标。施工质量指标包括分部工程质量标准、单位工程质量标准、单项工程质量标准和建设项目总的质量标准,通常以质量优良率表示,其计算公式为:

质量优良品率(%)=优良工程个数(或面积)/施工项目总个数(或总面积)

(3)施工成本指标。施工成本指标包括建设项目、各独立交工系统、各独立承包项目及各单项工程的总造价、总成本、利润、产值利润率和成本降低率。如：

降低成本额(元)，指靠施工技术组织措施实现的降低成本金额。

降低成本率(%)=降低成本额/总工程成本

(4)施工消耗指标。施工消耗指标包括劳动力单方用工量、劳动力不均衡系数、劳动生产率、主要材料消耗量和节约量、大型主要机械使用数量和利用率。

1)单方用工(工日/m²)，反映劳动的使用和消耗水平。

单方用工=总用工数量/建筑面积

2)劳动力不均衡系数(%)，表示整个施工期间使用劳动力的均衡程度。

劳动力均衡系数=施工高峰人数/施工期平均人数

3)劳动生产率(元/工日)，表示每个生产工人或建安工人每工日所完成的工作量。

劳动生产率=总工作量/总工日数

4)主要材料节约量，指靠施工技术组织措施实现的材料节约量，用主要材料的预算用量与施工组织设计计划用量之差表示。

5)机械化施工程度(%)，用机械化施工所完成的工作量与总工作量之比来表示。

(5)施工安全指标。施工安全指标主要包括施工人员伤亡率、重伤率、轻伤率和经济损失四项指标。

(6)其他指标。如施工设施建造费比例、工厂化程度和装配化程度、流水施工系统和施工现场利用系数等。

复习思考题

6-1 施工组织设计的主要内容是什么？

6-2 确定施工组织总设计的项目开展顺序应考虑哪些因素？

6-3 简述施工总进度计划的编制步骤。

6-4 施工总平面图的设计依据是什么？

6-5 施工总平面图布置时按什么顺序进行？

6-6 对施工组织总设计进行技术经济评价时的常用指标有哪些？

7 计算机技术在施工组织中的应用

随着计算机技术的发展和计算机网络的应用,建筑施工企业广泛采用计算机网络平台进行企业管理和工程项目管理。现代工程项目需要对工程施工全面规划和动态控制,处理大量的信息,并要求在较短时间内准确、及时地提供和工程项目有关的决策信息,这些不仅需要人工处理,还需要计算机网络的辅助。利用计算机网络可以提高获取信息的速度和数量,在土木工程施工组织中可对施工方案的编制、经济技术分析、施工进度安排、施工平面图规划设计、施工组织的实施跟踪等起到不可或缺的作用。

计算机和网络在施工组织设计中的应用主要表现在四个方面:

(1)利用计算机软件编制施工组织设计。在施工组织设计编制过程中应用专门的施工组织设计编制软件可以提高编制的速度和质量,且便于编制人员进行修改。

(2)绘制施工进度计划。利用各种进度计划编制软件可以编制施工进度计划,对施工进度计划进行优化、检查、调整和控制,通过软件,无需画草图,只要输入相关参数或利用鼠标拖曳画图,即可画出网络图或者横道图,且能相互转化。

(3)绘制施工平面图。利用施工组织设计绘图的专业软件,可快速、准确、美观地绘制施工现场平面布置图。专业施工组织设计绘图软件一般都包含丰富的基本图形组件,提供多种包含标准建筑图形的图元库,操作方式简单便捷,能够快速、准确画出符合绘制施工平面布置图的特点和要求的平面图。

(4)在施工组织中利用计算机网络及时获取、处理和利用各种有用信息。现代施工组织需要大量的各种信息,这些信息的内容有来自项目部的内部信息,也有各种外部信息,如完成的工程量、现有和已占用的资源、有关法规、政策等,这些信息都可通过计算机网络进行传输。企业和项目经理部应建立自己的计算机局域网和管理信息系统,以便及时收集有关信息,依据收集的信息对施工组织设计进行及时地调整,以使项目适应环境的变化,确保项目按计划完成。

常用施工组织设计软件有 P3 软件、P3e/c 软件、Microsoft Project 项目管理软件、品茗施工组织软件等。

7.1 P3 软件在施工组织中的应用

7.1.1 P3 软件的主要功能介绍

7.1.1.1 P3 软件简介

P3(Primavera Project Planner)是世界上顶级的项目管理软件,代表了现代项目管理方法和计算机最新技术。P3 项目管理软件可用于项目进度计划、动态控制、资源管理和成本控制。在进度计划方面,P3 是全球用户最多的项目进度控制软件,它在如何进行进度计划编制、进度计划优化以及进度跟踪反馈、分析、控制方面一直起到方法论的作用。如同世界上大部分大型工程都使用 P3 进行进度计划编制和进度控制一样,国内绝大部分大型工程也都在使用 P3,譬如三峡、小浪底、二滩等大型水利水电工程;大亚湾、岭澳、秦山三期等大型核电工程;外高桥电厂二期、国华准格尔电厂、大唐托克托电厂等大型火电工程;京沪高速公路、江阴长江大桥、润扬长江大桥等路桥工程;上海通用汽车厂、上海英特尔工厂、摩托罗拉天津工厂等大型工厂;扬子巴斯夫、南海石化、上海化学工业区等石化项目;广州地铁、深圳地铁等市政工程。

7.1.1.2 P3 的主要功能

使用 P3 可将工程项目的组织过程和实施步骤进行全面的规划和安排,科学地制定项目进度计划。进度控制需要在项目实施之前确定进度的目标计划值;在项目的实施过作中进行计划进度与实际进度的动态跟踪和比较;随着项目进展,对进度计划进行定期或不定期调整;预测项目的完成情况。P3 软件的主要功能有:

(1)强大的项目管理功能。P3 可以在多用户环境中管理多个工程,多个工程是指企业同时有多个在建工程,或者一个大型复杂的工程划分为若干个标段工程。P3 考虑了各种可能的情况,使用户轻松控制和协调多个工程。这些项目的团队可以遍布全球、共享有限资源,主工程和子工程的层次管理、工程间的关系处理、多用户共享同一工程数据、远程工程的计划进度通过电子邮件下达和上报等。P3 还可有效控制大型、复杂、多面性的项目,P3 能处理大时间跨度、繁杂和多日历的工程。能处理多达 10 万多条工序的项目,支持无限资源,对项目中的数千个活动提供无数的资源和目标计划,提供多个目标基准计划作为对比依据。

(2)项目资源管理、计划优化功能。P3 对项目资源进行有效管理,可以对实际资源消耗曲线及工程延期情况进行模拟和优化。P3 的强大功能使它的数据可与整个公司的信息相结合。P3 支持 ODBC,通过与本公司其他系列产品结合来支持数据采集,数据存储和风险分析。P3 还可以对计划进行优化并作为目标进行保存,随时可以与当前进度和资源使用情况进行对比,清楚了解哪些作业超前、哪些作业滞后、哪些作业按计划进行。

(3)对项目中的工作进行分解和处理。P3 通过工作分解结构(Work Breakdown Structure)对工程数据进行结构化组织,根据项目的工作分解结构进行分解,也可以将组织机构逐级分解,形成最基层的组织单元,并将每一工作单元落实到相应的组织单元去完成,使与工程有关的每个人都能洞悉工程。此外,P3 还提供强大的作业分类码功能,根据工程的属性对工作进行筛选、分组、排序和汇总,可以非常方便地按用户指定的要求组织作业数据。比如:可以按负责人、位置、工作类型、阶段等方式对作业数据进行分类和汇总。

(4)编制施工进度和资源计划。P3 有丰富、直观的图形接口,可以快速地编排任何大型和复杂工程的进度和资源计划。利用 P3 软件可绘制网络图(PERT),所编制的网络图可根据作业的逻辑顺序依次将作业列出,可直接使用该功能来绘制网络草图,在做计划时或工程开工后,可利用该功能对作业进行跟踪,并通过分析浮时、紧前后续作业关系来解决工程中的瓶颈问题。网络图也可以自动按作业分类码分组,它的数据与横道图中数据是完全相通的。

7.1.1.3 P3 软件使用流程

P3 软件的使用流程如图 7-1 所示。

7.1.2 P3 软件的应用

7.1.2.1 新建项目和编码结构

新建项目时应先启动 P3 软件,进行初始工程设置,输入工程基本信息,创建工程,然后分别对日历代码、作业分类码、工作细目分类结构、资源分类进行编码。

A 设置初始工程

进度计划管理系统模式采用主子工程模式,即整个工程为主工程,各标段工程、甲方供设备材料交付和施工图交付为子工程,业主、监理和各承包商在同一工程组内工作的方式。设置一个主工程,或称为工程组,是它自己的作业和若干个子工程的集合工程。设置工程组通常需要统一以下数据:日历、作业分类码、WBS、资源、费用科目自定义数据项目。使用工程组可以简化多个

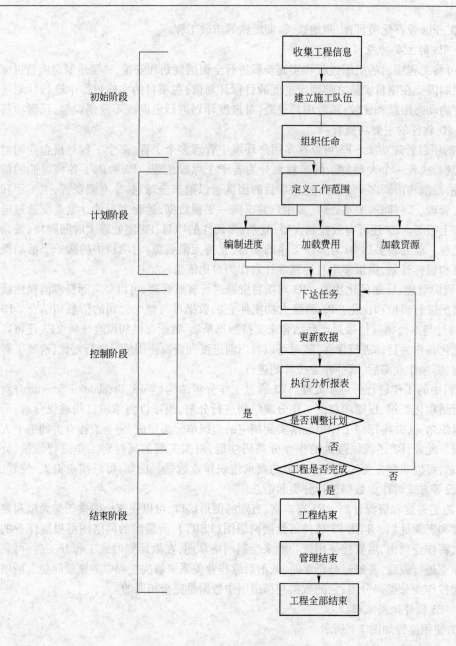

图 7-1　P3 软件使用流程图

工程的管理;便于在不同的工程级别汇总和组织数据。

B　创建新工程

新建一个新工程项目时,需在提示页面中分别输入工程代码、备注、工程名称、公司名称、计划单位、开工时间、工作日(五天或七天工作制),然后将新工程加到工程组中,同时写上工程识别码。如图 7-2 所示。

C　编码

a　日历编码

P3 中的日历有工期日历和资源日历两种,日历编码时可根据工程的具体情况和业主的要

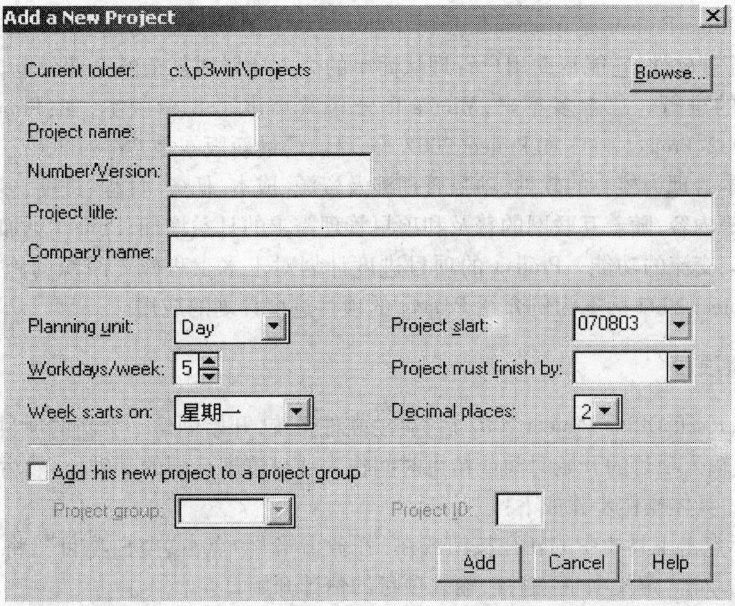

图 7-2　应用 P3 软件新建工程项目

求,设置 5 天工作制日历、7 天工作制日历、其他工作日历和各种资源的日历,并定义每种日历的
名称。

　　b　作业分类码

　　编制作业分类码时首先增加作业分类码的名称(一般用四位字符表示)、长度和具体描述,
然后增加每一项分类码的具体码值。如果是工程组,系统会增加两位字符的识别码,用于区分各
个子工程。

　　c　WBS

　　WBS 可根据工程项目的具体情况,按照工程实体进行划分,也可按照项目阶段来划分。
划分 WBS 时首先定义 WBS 的宽度和分隔符,然后增加 WBS 码值,并输入 WBS 码值的具体
说明。

　　d　资源编码

　　在资源栏内,依次定义资源名称、单位、是否驱控关系、资源日历及资源具体描述。

　　7.1.2.2　编写作业清单

　　根据经验和项目工作范围,编写作业清单,包括作业的编码、作业说明和作业工期。

　　7.1.2.3　添加作业逻辑关系

　　作业清单增加完成之后,应添加作业之间连接逻辑关系,以反映各项作业之间的工作
顺序。

　　7.1.2.4　进度计算

　　当增加作业和逻辑关系完成后,点击 F9 或/Tool/Schedule,P3 会自动进行进度参数计算,计
算出每一项作业的四个时间参数和浮时。我们可以根据项目的具体情况给一些作业加上限制条
件,如:最早限制、最晚限制、开始限制、强制开始等。

7.2　Microsoft Office Project 在施工组织中的应用

　　Microsoft Office Project 是 Microsoft 公司 1990 年发布的第一个功能强大、适应性强的基于 Windows 项目管理软件,它能帮助用户管理从简单的个人计划到复杂的企业任务,使用户能够规划和跟踪任务的进行。二十多年来,Microsoft 公司共推出了 8 个版本,如:Project 1.0、Project 2000、Project 2002、Project 2003 和 Project 2007 等,目前的最新版本是 Project 2007。Project 软件是一个以项目成本管理为核心的软件,项目管理涉及资源、成本、任务、日程、进度、多项目协作和工作组内的通信等内容,随着互联网的普及和项目管理需求的日益增加,Project 更加突出其项目管理和信息、共享、交流的功能。Project 的项目进度计划对土木工程施工组织的施工编排十分适用。下面以 Project 2007 版本为例介绍 Project 的项目进度计划的应用。

7.2.1　创建新项目

　　安装好 Microsoft Office Project 2007 后,启动软件系统,开始创建一个新的项目。创建新的项目文档时,需要输入项目的开始时间或结束时间作为项目进度计划的基准点,然后定义文件名进行文件的存储。具体操作步骤如下:

　　(1)用鼠标点击工具栏中的新建按钮或在"任务窗格"中点击"空白项目",将出现项目向导的"任务"窗格,单击"定义项目"链接,输入项目的估计开始日期。

　　(2)在设置好项目的开始日期后,选择"保存并前往第 2 步"链接。

　　(3)接下来将出现与 Project Server 相关的窗格,选择"否"。

　　(4)最后在出现的对话框中点击"保存并完成"。

　　(5)设置项目日历。单击"工具"菜单中的"更改工作时间"或在"任务"窗格中单击"定义常规工作时间"链接,将出现"项目工作时间"窗格,利用该窗格可以设置项目日历。Project 中的 3 个基本日历:24 小时工作制、夜班工作制和标准工作制,通过改变工作日和非工作日及作业时间的方法选择适用于本工程项目的日历。

7.2.2　创建任务列表

　　任务是所有项目最基本的构件,它代表完成项目最终目标所需要做的工作。任务通过工序、工期和资源需求来描述项目工作。

　　7.2.2.1　在甘特图中输入新任务

　　"甘特图"视图是 Project 启动时的默认视图,在视图左侧以表格形式列出了任务的详细信息,右侧将每个任务图形化,以条形表示在图中。"甘特图"视图是显示项目计划的常用方式,便于输入和细化任务详细信息及分析项目。

　　在"甘特图"视图中"任务名称"列下直接输入任务名称,如"确定项目章程",然后按回车键,即完成一项任务的添加。

　　输入任务时可根据分部、分项工程的特点进行任务设置,即大纲设置。如某工程项目可分为施工准备、基础施工、主体结构施工、装修施工、设备安装施工、室外工程、竣工验收等阶段,其中基础施工又包括:土方开挖、降水护坡、钎探清槽、验槽等。

　　7.2.2.2　估计工期

　　每个新加入的任务都将被分配一个 ID,默认情况下,Project 将每项任务的工期都为 1 工作日,工期后的"?"表示这是一个估计工期,添加新任务时需要估计该任务的工期。

　　输入工期严格上来讲应该通过计算,根据工程量大小、投入劳动力多少,确定工期;如果我们有一定的施工经验,也可以根据经验或计划的施工时间要求确定工期。输入时,在工期栏内,输入相应的工期。

7.2.2.3 任务间相关性设置

任务相关性,也叫链接,就是工序之间的关系;某个工序的开始时间必须是另一个工序完成之后(如:土方开挖,要等到定位验线后才能开始),或某个工序完成一定量(时间后)(如:土方开挖没全部完成,但已完成的部分则可以提前插入钎探工序,称工序叠加)或这个工序完成多少时间后,下个工序才能开始(如:混凝土浇筑完成后,需要约10h后,才能拆模,或上人)。

7.2.3 检查任务工期

如果排出的进度计划,超出了合同工期的要求,则应根据合同总工期要求,调整进度表,让其满足合同工期的要求。调整时,最重要的是找出关键线路,从关键线路上对工期进行调整,但如果关键线路不能满足要求,就必须从其他任务的工期上进行调整,关键线路不是一成不变的,随着各任务工期的调整,关键线路可能会发生变化,即关键线路变成了非关键线路,非关键线路成为关键线路。调整时,根据工序安排、任务量的大小、劳动力的调整,以缩短某些任务的工期。

7.2.4 任务文件的格式和输出

7.2.4.1 视图与格式

Project 使用三种类型的视图:任务视图、资源视图和工作分配视图。Project 视图使用几种不同的显示格式。视图格式包括:甘特图、网络图、图表、工作表、使用状况和窗体。"甘特图"视图、"网络图"视图和图表视图均以图形方式呈现信息。其中"甘特图"和"网络图"在施工进度计划中最为常用。"甘特图"视图的表现形式如同施工组织中的横道图,在最初计划日程以及随着项目进行审阅日程时,这种格式会很有帮助。"网络图"视图的表现形式如同施工组织中的单代号网络图,以流程图格式显示任务,微调日程时,这种格式会很有帮助。

"甘特图"格式显示任务数据的视图有详细甘特图、甘特图、调配甘特图、里程碑日期总成、多比较基准甘特图、预期甘特图、乐观甘特图、悲观甘特图、跟踪甘特图等;"网络图"格式显示任务数据的视图有描述性网络图、网络图和关系图。在实际应用中可根据工程具体情况和进度计划的编制要求进行选择。

7.2.4.2 文件输出

一个工程项目的所有任务及其工期全部输入完毕并调整好任务间的关系后,可以进行文件的打印输出。在"视图"菜单上,单击要打印的视图。一般在打印之前要阅览视图或进行调整,在"文件"菜单上,单击"页面设置",然后单击"视图"选项卡进行视图范围的调整;单击"页面"选项卡,可调整打印方向、缩放比例等页面格式。调整完毕后,单击"打印预览",检查无误即可打印输出编辑好的进度计划。

7.3 国内常用施工组织设计软件

国内进行项目管理方面和施工组织设计软件开发的计算机技术公司较多,如:北京速恒信息技术公司、杭州品茗科技有限公司、广联达计算机公司、恒智天成软件技术有限公司、智通软件公司、北京梦龙科技有限公司、深圳市斯维尔科技有限公司、亿通软件有限公司等,所开发的施工组织设计类软件有标书制作系统、网络计划软件、施工现场平面图绘制软件、网络图制作系统等。这些软件在工程项目管理中得到了广泛的应用并取得了一定的效果,提高了编制施工组织设计的速度和质量。以杭州品茗科技有限公司开发的品茗软件为例介绍施工组织设计软件的应用。

7.3.1　品茗施工组织软件介绍

品茗软件是品茗软件工程开发的系列软件,主要应用于政府行业管理、房地产、建设公司、装饰公司、设计院、咨询中介等单位,已开发工程造价、施工技术和工程管理三个系列10余个产品。其中造价类产品包括:品茗算量、品茗钢筋、品茗胜算、电子评标、神机妙算和品茗手算++等;施工类软件产品:品茗安全、品茗资料、品茗交底、品茗标书、品茗平面图、品茗网络计划、品茗投标辅助决策等。以品茗平面图、品茗网络计划为代表介绍品茗软件的应用。

7.3.2　品茗平面图

品茗施工现场平面布置图绘制软件,是用于项目招标投标和施工组织设计绘图的专业软件,可帮助工程技术人员快速、准确、美观地绘制施工现场平面布置图,并可作为一般的图形编辑器。它是一套完全脱离 AutoCAD 平台的矢量图绘制软件。该软件操作方式简单便捷;包含了丰富的基本图形组件;提供多种包含标准建筑图形的图元库;能够快速、准确画出符合绘制施工平面布置图的特点和要求的平面图。该软件具有以下特点:

(1)辅助绘图功能强大。软件中包含字形、墙线、塔吊等专业图形,并提供多种背景设置,强大的截图与导入功能,能将外部图形轻松导入,提高绘图效率。绘图完成即可采用 *.jpg、*.bmp、*.wmf 等格式图形化保存输出,并有方便的打印预览功能,便于调整、打印和出图。

(2)施工常用图例丰富。软件的图元库中提高了材料及构件堆场、采暖施工、地形及控制点、动力设施、给排水、家用电器、建筑及构筑物、交通运输、施工机械等多种常用图例,无需绘制即能成图。

(3)实用功能方便实用。在绘制平面图的过程中,通过按钮可新建多个图层将相近的图形元素归类,对于复杂图形,使用图层可以带来极大的便利;此外,管理组件功能,可以快速编辑选中的图元;自动生成图例,轻松完成平面图绘制。

7.3.3　品茗智能网络计划

品茗智能网络计划编制与管理软件是运用系统工程和网络计划技术原理,采用高新技术手段开发的一套“直绘双轨”型、适用于各种项目进度计划管理、施工组织进度安排的智能型软件。通过软件,无需画草图,无需输入参数,即能在屏幕上利用鼠标拖曳画图,而且无论先画网络图还是先画横道图,都能相互转化。目前,已在全国两千多个工程企业、一万多个项目中成功应用,其部分技术指标已达到国际先进水平,其实用性在国内已处于领先地位。该软件特别适用于项目进度管理和控制,实时进度预测和调度,也适用于施工企业编制各类进度计划表,如双代号网络图、横道图等,可有效提升投标书(技术标)的形象分和规范性,其界面如图7-3所示。

品茗智能网络计划编制与管理软件主要可以解决以下问题:

(1)绘制双代号网络图。绘图时软件自动建立紧前紧后关系、关键线路自动生成,可以彩色出图打印,网络图绘制完成可直接转换为横道图。精美网络图可有效提升技术标的形象分和规范性,如图7-4和图7-5所示。

(2)编制进度计划表。通过本软件可编制所有工作进度计划表,可以绘制实工作、虚工作、辅助工作、挂起工作、里程碑等各种类型工作。

(3)项目进度控制和管理。软件提供前锋线控制、自由调时差、资源控制等功能,可以实现实时进度预测和调度,从而进行项目进度控制和管理。

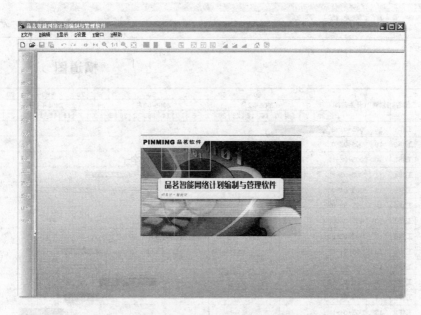

图 7-3　品茗智能网络计划编制与管理软件主界面

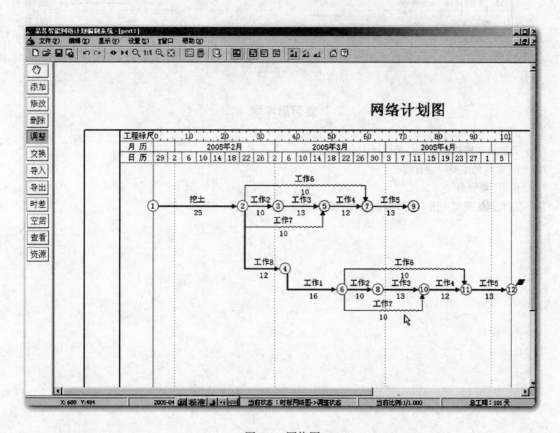

图 7-4　网络图

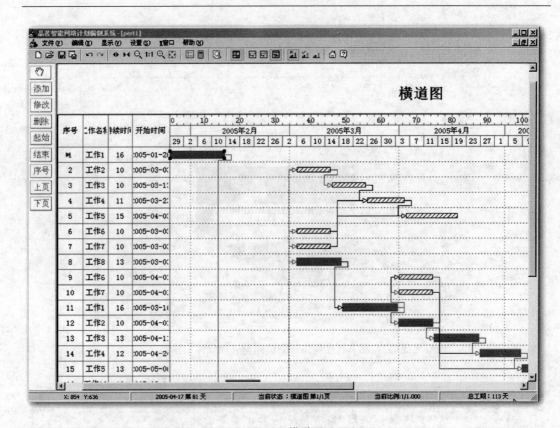

图 7-5　横道图

复习思考题

7-1　计算机和网络在施工组织设计中有哪些用途？

7-2　P3 软件的主要功能有哪些？

7-3　何谓"甘特图"？

7-4　品茗施工现场平面布置图绘制软件有哪些特点？

参 考 文 献

[1]　李书全.土木工程施工[M].上海:同济大学出版社,2004.

[2]　于立君,孙宝庆.建筑工程施工组织[M].北京:高等教育出版社,2005.

[3]　杨和礼.土木工程施工[M].武汉:武汉大学出版社,2004.

[4]　应惠清.土木工程施工[M].北京:高等教育出版社,2004.

[5]　孙震,穆静波.土木工程施工[M].北京:人民交通出版社,2004.

[6]　侯洪涛.建筑施工组织[M].北京:人民交通出版社,2007.

[7]　工程网络计划技术规程(JTJ/T121—99).北京:中国建筑工业出版社,1999.

[8]　全国建筑业企业项目经理培训教材编写委员会.全国建筑业企业项目经理培训教材——施工组织设计与进度管理(修订版)[M].北京:中国建筑工业出版社,2001.

[9]　全国监理工程师培训考试教材编写委员会.全国监理工程师培训考试教材——建设工程进度管理[M].北京:中国建筑工业出版社,2002.

[10]　方先和.建筑施工[M].武汉:武汉大学出版社,2000.

[11]　赵仲琪.建筑施工组织[M].北京:冶金工业出版社,1993.

[12]　尹军,夏瀛.建筑施工组织与进度管理[M].北京:化学工业出版社,2005.

[13]　林知炎,曹吉明.工程施工组织与管理[M].上海:同济大学出版社,2002.

[14]　李中富.建筑施工组织与管理[M].北京:机械工业出版社,2004.

[15]　余群舟,刘元珍.建筑工程施工组织与管理[M].北京:北京大学出版社,2006.

[16]　钱昆润.建筑施工组织设计[M].南京:东南大学出版社,2000.

[17]　Microsoft Office Project 主页:http://office.microsoft.com/zh-cn/project.

冶金工业出版社部分图书推荐

书　名	作　者	定价(元)
冶金建设工程	李慧民　主编	35.00
建筑工程经济与项目管理	李慧民　主编	28.00
建筑施工技术(第2版)(国规教材)	王士川　主编	42.00
现代建筑设备工程(第2版)(本科教材)	郑庆红　等编	59.00
土木工程材料(本科教材)	廖国胜　主编	40.00
混凝土及砌体结构(本科教材)	王社良　主编	41.00
岩土工程测试技术(本科教材)	沈　扬　主编	33.00
工程地质学(本科教材)	张　荫　主编	32.00
工程造价管理(本科教材)	虞晓芬　主编	39.00
土力学地基基础(本科教材)	韩晓雷　主编	36.00
建筑安装工程造价(本科教材)	肖作义　主编	45.00
高层建筑结构设计(第2版)(本科教材)	谭文辉　主编	39.00
施工企业会计(第2版)(国规教材)	朱宾梅　主编	46.00
工程荷载与可靠度设计原理(本科教材)	郝圣旺　主编	28.00
流体力学及输配管网(本科教材)	马庆元　主编	49.00
土木工程概论(第2版)(本科教材)	胡长明　主编	32.00
土力学与基础工程(本科教材)	冯志焱　主编	28.00
建筑装饰工程概预算(本科教材)	卢成江　主编	32.00
建筑施工实训指南(本科教材)	韩玉文　主编	28.00
支挡结构设计(本科教材)	汪班桥　主编	30.00
建筑概论(本科教材)	张　亮　主编	35.00
居住建筑设计(本科教材)	赵小龙　主编	29.00
Soil Mechanics(土力学)(本科教材)	缪林昌　主编	25.00
SAP2000结构工程案例分析	陈昌宏　主编	25.00
理论力学(本科教材)	刘俊卿　主编	35.00
岩石力学(高职高专教材)	杨建中　主编	26.00
建筑设备(高职高专教材)	郑敏丽　主编	25.00
岩土材料的环境效应	陈四利　等编著	26.00
混凝土断裂与损伤	沈新普　等著	15.00
建设工程台阶爆破	郑炳旭　等编	29.00
计算机辅助建筑设计	刘声远　编著	25.00
建筑施工企业安全评价操作实务	张　超　主编	56.00
现行冶金工程施工标准汇编(上册)		248.00
现行冶金工程施工标准汇编(下册)		248.00